반트호프가 들려주는 **삼투압** 이야기

반트호프가 들려주는 삼투압 이야기

초　판　1쇄 발행일 | 2006년 6월 29일
개정판　1쇄 발행일 | 2010년 9월 1일
개정판 12쇄 발행일 | 2021년 5월 31일

지은이 | 송은영
펴낸이 | 정은영
펴낸곳 | (주)자음과모음

출판등록 | 2001년 11월 28일 제2001－000259호
주　　소 | 04047 서울시 마포구 양화로6길 49
전　　화 | 편집부 (02)324－2347, 경영지원부 (02)325－6047
팩　　스 | 편집부 (02)324－2348, 경영지원부 (02)2648－1311
e－mail | jamoteen@jamobook.com

ISBN 978－89－544－2094－5 (44400)

반트호프가 들려주는 삼투압 이야기

| 송은영 지음 |

|주| 자음과모음

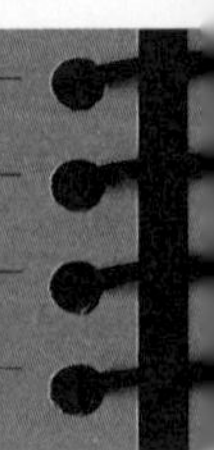

반트호프를 꿈꾸는 청소년을 위한 '삼투압' 이야기

세상에는 두 부류의 천재가 있다고 합니다. 한 부류는 생각이 너무도 기발하고 독창적이어서, 평범한 사람들이 결코 따라갈 수 없는 사람들입니다. 다른 한 부류는 비록 평범하지만 끊임없이 노력함으로써 그와 같은 반열에 오를 수 있는 사람들입니다.

앞의 예로는 아인슈타인이 대표적인 인물입니다. 이와 같은 사람은 한 세기에 한 명 나올까 말까 한 뛰어난 두뇌를 지닌 천재로, 인류 문명에 큰 혁신을 가져올 만큼 지대한 영향을 끼친 사람입니다. 그리고 그 뒤를 이어 우리처럼 후천적인 노력으로 천재가 될 수 있는 사람들이 인류 문명에 새로운 활력을 불어넣기 위해 끊임없이 노력한답니다.

아인슈타인과 같은 사람들은 말할 것도 없고, 부단한 노력으로 천재의 반열에 오를 수 있었던 사람들에게는 남들과 다른 특징이 있습니다. 그것은 '빛나는 창의적 사고' 입니다. 그리고 이 '창의적 사고' 를 가능케 하는 것은 바로 '생각하는 힘' 입니다.

이 책은 반응 속도, 화학 평형, 삼투압에 관해 연구한 공로로 제1회 노벨 화학상을 수상한 반트호프가 한국의 학생들에게 8번의 수업을 통해 삼투압에 대해 설명해 주는 형식으로 되어 있습니다. 여러분은 이 책을 통해 삼투압과 삼투 현상에 관한 전반적인 내용을 접하게 됩니다. 즉 삼투 현상이 무엇이고 그것이 언제 일어나는지, 또한 어디에 이용되며 어떻게 응용할 수 있는지에 대해 공부할 것입니다. 여러분은 이 책을 통해 그동안 실생활에서 궁금했던 것들을 깨닫게 됨으로써 통쾌하고 짜릿한 기분을 느끼게 될 것입니다.

늘 빛진 마음이 들도록 한결같이 저를 지켜봐 주시는 분들과 함께 이 책의 소중한 기쁨을 나누고 싶습니다. 책을 예쁘게 만들어 준 (주)자음과모음 식구들에게도 감사의 말을 전합니다.

송 은 영

차례

부록

첫 번째 수업 1

페퍼의 실험과 반투과성 막

첫 번째 노벨 화학상 수상자는 누구일까요?
세포막의 종류와 반투과성 막에 대해 알아봅시다.

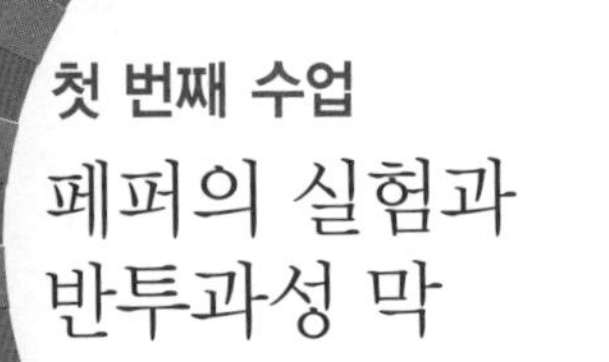

1

첫 번째 수업

페퍼의 실험과 반투과성 막

교.
과.
연.
계.

고등 생물 II — 1. 세포의 특성
고등 화학 II — 1. 물질의 상태와 용액

반트호프가 칠판에 자신의 이름을 적으면서 첫 번째 수업을 시작했다.

제1회 노벨 화학상 수상자

내 이름이 다소 생소한가요? 나는 1852년 8월 30일 네덜란드의 로테르담에서 태어난 과학자입니다. 아버지가 의사여서 별 경제적 어려움 없이 어린 시절을 보냈습니다. 네덜란드의 레이던 대학을 졸업한 후에 1872년 독일로 건너가서 케쿨레 밑에서 공부했습니다.

케쿨레(Friedrich Kekule, 1829~1896)는 탄소 화합물의 분자 구조를 밝혀내어 고전적 유기 화학 이론의 기초를 확립한

뛰어난 화학자입니다. 나는 그로부터 유기 구조론, 탄소 결합 등을 배웠고, 귀국한 후 암스테르담 대학에 몸담았습니다. 그러면서 탄소 원자, 반응 속도론, 열역학에 대한 이론들을 발표했습니다. 이어 내 관심은 삼투압에 집중되었지요.

흔히 배추를 소금물에 절일 때 배추의 숨을 죽인다고 말하지요. 배추를 소금물에 절이면 싱싱하던 배추가 힘이 빠진 것처럼 축 처지기 때문이죠. 이와 같은 현상은 배추 속에 있던 물이 소금물 쪽으로 빠져나갔기 때문인데요, 여기에 바로 삼투압이 관여하고 있답니다.

나는 액체 속에서 일어나는 삼투압 법칙을 기체의 압력 법칙을 이용해 적용해도 된다는 사실을 발견하였습니다. 이에 대한 공로를 높이 인정받아 1901년 최초로 노벨 화학상을 수상했답니다.

식물의 활력소가 되는 물

그럼 삼투압을 어떻게 알아냈는지 살펴보겠습니다.

저기 꽃이 피어 있군요. 아니, 그런데 이게 웬일입니까? 안타깝게도 군데군데 시든 꽃이 보이네요. 꽃잎이 바싹 마른 것을 보니 물이 필요하겠군요.

물은 생명체에 있어 절대적인 존재이지요. 물 없이 살 수 있는 생명체는 없다고 해도 과언이 아니니까요. 단식을 하더라도 물만큼은 조금씩이라도 마셔야 한답니다. 독일 출신의 세계적 시인, 헤르만 헤세는 이렇게 말했습니다.

"물은 생명의 소리, 존재함의 소리, 생성의 소리이다."

사실 지구의 역사는 물의 역사라고 해도 과언이 아니지요. 지구 최초의 생명체가 탄생한 곳이 바다이고, 아기가 엄마의 배 속에서 10달 동안 있는 곳도 양수라는 물속이잖아요.

이것뿐만이 아닙니다. 세계의 4대 문명 역시 모두 물을 끼고 발생하였습니다. 티그리스 강과 유프라테스 강 유역의 메

소포타미아 문명, 나일 강 유역의 이집트 문명, 인더스 강 유역의 인더스 문명, 황허 강 유역의 황허 문명 등이 그렇지요.
자연철학자의 시조라 칭송받는 고대 그리스의 탈레스(Thales, B.C.624?~B.C.546?)는 물의 중요성을 이렇게 역설했습니다.

"만물의 근원은 물이다!"

탈레스는 자연의 이치와 우주의 근원을 물에서 찾았고, 물로써 설명하려 했던 것입니다.

그만큼 물의 중요성은 아무리 강조해도 지나치지 않습니다.

나무, 풀, 꽃은 물이 부족하면 시듭니다. 이것을 뒤집어 말하면 식물은 물을 좋아한다는 말이기도 합니다. 또한 사실이 그렇지요. 물만 충분히 주면 시든 식물은 언제 그랬냐는 듯이 원기를 회복하니까요.

물을 주면 식물이 활력을 되찾는다는 것은 인류가 오래전부터 경험적으로 익히 알고 있는 사실입니다. 그러나 19세기 후반까지도 이에 대한 명확한 원인을 논리적이고 합리적인 설명으로 명쾌히 풀어내지 못하였습니다.

페퍼의 고민

자연의 새로운 신비를 발견하게 되면 그 이유를 알아내려고 달려드는 학자들이 나타나게 마련이지요. 마찬가지로 시든 식물에 물을 주면 다시 생기를 찾게 되는 원인 등 그 비밀을 파헤치기 위해 여러 과학자들이 줄기차게 노력하였습니다. 그 가운데 독일의 식물학자 페퍼(Wilhelm Pfeffer, 1845~1920)가 있었습니다. 페퍼는 늘 마주하고 있는 식물에 대해 고민하였습니다.

여기서 '사고 실험'을 한번 해 보겠습니다. 사고 실험은 머릿속 생각으로 하는 실험을 말합니다. 즉, 실험 기기를 이용해서 하는 실험이 아니라, 우리의 머리를 십분 활용해서 결론을 멋지게 유도해 내는 상상 실험이지요. 창의력과 사고력을 쑥쑥 키워 주는 창조적 실험인 것입니다. 그러면 식물과 물

의 관계에 대해서 사고 실험을 해 보겠습니다.

마른 식물의 뿌리에 물을 주어요.

식물이 생기를 되찾아요.

이것은 식물이 물을 무척이나 좋아한다는 뜻이에요.

식물이 물을 흡수한 거예요.

물은 식물의 세포 속으로 들어가요.

그렇다면 그 원동력은 무엇일까요?

페퍼는 물이 어떻게 흡수되어 세포 속으로 들어가는지를 궁리하였습니다. 즉, 식물의 뿌리가 어떤 힘으로 물을 빨아들이는지를 고민하였던 것이지요.

페퍼의 실험 1

사고 실험을 하겠습니다.

움직인다는 것은 힘이 작용하고 있다는 뜻이에요.

뿌리가 물을 빨아들이는 것도 마찬가지예요.

어떠한 힘의 도움 없이 물이 스스로 줄기를 타고 잎까지 올라갈 수는 없어요.

우리가 모르는 그 어떤 힘이 거기에 관여하고 있는 거예요.

물이 위에서 아래로 내려갔다면 설명은 간단해요.

중력 때문이라고 대답하면 될 테니까요.

지구의 중력은 결코 약한 힘이 아니에요.

지상의 모든 동식물이 우주 공간으로 떨어져 나가지 못하도록 하는 것만 보아도 그 힘의 세기를 능히 짐작할 수 있어요.

그런 중력의 힘을 이기고 물을 뿌리로부터 상승하게 하는 힘이라…….

대체 그 힘이 뭘까요?

아, 잠깐만요.

식물이 시들 때와 생생할 때 겉모양은 분명 달라요.

그러니 속모양도 다르지 않을까요?

시들 때와 생생할 때, 세포에 차이가 있을 것 같아요.

그 차이가 물을 끌어올리는 힘이 아닐까요?

이러한 생각을 검증하기 위해 페퍼는 즉각 실험에 착수했습니다. 페퍼는 같은 식물을 여러 개 준비했습니다. 그리고 영양분은 물론이고 물 한 방울조차 주지 않은 채 식물을 방치했지요. 식물은 며칠 못 가서 시들기 시작했습니다. 싱싱하고 파릇파릇했던 이파리는 노랗게 바래었고, 곧았던 줄기는 보릿자루 꺾이듯이 흐물흐물 맥없이 무너졌습니다.

'그래 이제 됐어.'

페퍼는 얼굴에 환한 미소를 띠고, 시들어 말라비틀어진 식물 앞으로 다가갔습니다. 그의 양팔에는 물이 든 양동이가 들려 있었습니다. 그는 시든 식물에게 물을 조심스럽게 따라 주었습니다. 하지만 모든 식물에게 물을 뿌려 준 것은 아니었습니다. 시든 식물의 절반만 물을 주고, 나머지는 그대로 방치해 두었습니다.

페퍼는 며칠 뒤에 식물을 다시 찾았습니다. 식물은 뚜렷한 변화를 보이면서 생기를 되찾은 것과 더욱 시들어 버린 것으로 구분되었습니다. 페퍼는 바짝 말라비틀어진 가지와 생기를 되찾은 가지를 꺾었습니다.

'적잖은 차이를 보일 거야.'

페퍼는 확신에 찬 눈으로 세포를 관찰했습니다. 그러나 이게 어찌 된 일입니까? 관찰 결과, 페퍼의 예상은 보기 좋게 빗나갔습니다. 시든 가지와 생기를 되찾은 가지의 세포 사이에 별다른 차이가 없는 것이었습니다. 생기를 되찾은 식물이 물을 좀 더 많이 포함하고 있어서 팽팽하다는 것 외에는 다를 게 없었습니다.

페퍼는 의외의 결과에 적잖이 당혹스러워했습니다.

'왜 이렇게 예상을 빗나간 결과가 나온 걸까?'

페퍼의 실험 2

시든 가지와 생기를 되찾은 가지의 세포에는 별다른 차이가 없었습니다. 이것은 물을 끌어올리느냐 끌어올리지 못하느냐의 문제가 세포의 구조와는 무관하다는 뜻이랍니다. 그렇다면 물은 어떻게 흡수된 것일까요?

페퍼의 고민은 점점 깊어졌습니다. 그러나 답이 딱히 떠오르지 않았습니다. 이럴 때는 처음에 던졌던 물음으로 되돌아가서 다시 그 이유를 캐 보는 게 중요할 수 있습니다. 중간 과정이나 마지막 과정이 잘못되어서 결과가 틀릴 수도 있지만, 그것보다는 첫 단추를 잘못 끼워서 결론이 잘못 나올 수도 있기 때문입니다.

여기서 다시 사고 실험을 해 보겠습니다.

물은 분명 세포 속으로 들어갔어요.

팽팽해진 세포가 그것을 입증해 주지요.

세포에는 막이 있어요.

세포막이에요.

물이 세포 속으로 들어갔으니, 세포막을 뚫고서 그 안으로 들어간 거예요.

물은 세포 밖으로도 흘러나와요.

쪼그라든 세포가 그것을 입증해 준답니다.

그런데 쪼그라든 세포와 팽팽한 세포를 조사해 보면, 세포 구조에

특별히 더해지거나 빠진 것은 없어요.

물의 많고 적음이 다를 뿐이에요.

이것은 세포의 다른 구성원이 세포막을 통해 자유롭게 출입하지 못한다는 뜻이에요.

왜 그들은 세포 안과 밖으로 자유롭게 출입하지 못하는 걸까요?

왜일까요?

아, 잠깐! 잠깐만요.

혹시, 세포막이 특수한 성질을 갖고 있는 건 아닐까요?

물은 자유롭게 통과시키지만, 그 밖의 다른 세포 구성 물질은 드나들지 못하게 하는 성질이 있는 건 아닐까요?

이 추론이 틀리지 않다면…….

그래요, 세포막이 우리 의문에 답을 알려 주는 열쇠가 될 수도 있겠네요.

페퍼는 이것을 확인하기 위해 당장 실험에 착수했습니다. 먼저 세포막과 유리관을 준비했습니다. 유리관의 한쪽을 세포막으로 빈틈없이 막았습니다. 그러고는 그 유리관을 물이 담긴 통에 넣었습니다. 예상대로 물이 유리관 안으로 빨려 들어갔습니다. 다음엔 유리관에 설탕을 넣었습니다.

'설탕이 빠져나갈까, 아니면 그대로일까? 사고 실험에서 한 추론대로라면 빠져나가서는 안 되는데…….'

페퍼는 준비한 유리관을 물이 담긴 통에 조심스레 넣었습니다. 역시 설탕은 빠져나가지 않았습니다. 물만 유리관 속으로 들어올 뿐이었습니다.

드디어 페퍼의 얼굴이 환해졌습니다.

"그래, 이것이었어! 세포막은 물질이 들어오고 나가는 것을 가리는 특성을 지니고 있는 거야!"

이같이 세포막처럼 물은 괜찮지만 그 외의 물질이 들어오고 나가는 것을 가리는 막을 반투과성 막이라고 합니다. 셀로판지가 대표적인 반투과성 막입니다.

전투과성 막과 선택적 투과성 막

막에는 반투과성 막만 있을까요?

물론, 아닙니다. 물(용매, 녹이는 물질)뿐만 아니라, 물속에 녹아 있는 물질(용질, 녹는 물질)도 함께 자유로이 출입이 가능한 막이 있습니다. 이러한 막을 전투과성 막이라고 합니다. 식물 세포의 모양과 크기를 유지해 주는 세포벽은 대표적인 전투과성 막입니다.

일반적으로 생물체 속에서의 용매는 전부 물이라고 보면 무난합니다. 생물체에서 물이 차지하는 비율이 월등히 높거든요. 인체를 예로 든다면, 물이 차지하는 비중은 70% 이상이랍니다.

반투과성과 비슷한 용어로 '선택적 투과성'이라는 것이 있습니다. 선택적 투과성은 말 그대로 마음에 드는 것만 골라서 들여보내고 내보낸다는 뜻입니다.

이렇게만 보면 반투과성과 별 차이가 없어 보이지만, 둘의 차이는 용질을 투과시키느냐 못 시키느냐에 있습니다. 반투과성은 용매만 투과시키지만, 선택적 투과성은 내키기만 하면 용질도 선별해서 투과시키는 특성을 갖고 있습니다.

세포막은 선택적 투과를 하는 특성도 갖고 있습니다. 그러니까 세포막은 반투과성 막이기도 하면서, 용질도 선별적으로 투과시키는 선택적 투과성 막인 것입니다.

과학자의 비밀노트

반투과성 막

물과 같은 작은 용매 분자는 자유롭게 투과시키지만, 그 속에 녹아 있는 설탕과 같은 큰 용질 분자는 투과시키지 못하는 막을 말한다. 예를 들어 세포막이나 셀로판지가 있다.

전투과성 막

물과 같은 용매 분자뿐만 아니라 그 속에 녹아 있는 용질 분자들도 자유롭게 통과할 수 있는 막을 말한다. 전투과성 막에는 식물 세포의 세포벽이 있다.

선택적 투과성 막

어떤 물질은 투과시키고, 어떤 물질은 투과시키지 않는 성질을 가진 막을 말한다. 예를 들어 세포막은 입자의 크기에 따라 물질을 이동시키는 반투과성 막인 동시에 필요한 물질을 골라서 투과시키는 선택적 투과성 막이다.

만화로 본문 읽기

이건 왜 이파리가 말라 있지?
뭘 그렇게 보고 있나요?

아, 선생님! 이 화분의 이파리만 말라 있어 왜 그런지 원인을 생각해 보고 있어요.
물이 부족해서 마른 거군요. 빨리 물을 줘서 생기를 찾게 해야겠네요.

선생님, 마른 이파리가 싱싱한 이파리와 세포 자체가 달라 마른 것은 아닐까요?

페퍼라는 과학자도 그렇게 생각했습니다. 하지만 시든 가지와 생기가 있는 가지의 세포 사이에는 별다른 차이가 없었답니다. 단지 물의 양이 달라서 팽팽하다는 차이 정도만 났지요.
별 차이가 없잖아!

그럼 물의 흡수는 세포하고는 무관하겠네요.
네 맞아요. 그래서 페퍼는 유리관의 한쪽을 세포막으로 빈틈없이 막고 그 유리관을 물이 담긴 통에 넣는 실험을 했지요. 예상대로 물이 유리관 안으로 빨려 들어가더군요.

다음에는 유리관에 설탕을 넣고 물이 담긴 통에 넣었더니 설탕은 빠져나가지 않았어요. 식물의 세포막은 물 이외의 물질이 들어오고 나가는 것을 가리는 반투과성 막이었던 거예요.
그렇군요.

두 번째 수업 2

확산과 삼투

세포막은 왜 반투과성 막일까요?
확산과 삼투에 대해서 알아봅시다.

2

두 번째 수업

확산과 삼투

교.
과.
연.
계.

초등 과학 5-1	6. 용액의 진하기
고등 생물 II	1. 세포의 특성
고등 화학 II	1. 물질의 상태와 용액

반트호프가 현미경을 통해
관찰된 세포막을 보여 주면서
두 번째 수업을 시작했다.

세포막이 반투과성 막인 이유

세포막은 반투과성 막입니다. 그래서 물은 들어오고 나갈 수 있지만, 용질은 투과할 수 없는 것이지요. 세포막을 현미경으로 관찰해 보면 미세한 구멍이 송송 나 있습니다. 이 구멍을 통해서 물이 출입을 하는 것이지요.

여기서 사고 실험을 다시 하겠습니다.

세포막에 나 있는 미세한 구멍으로 물이 출입해요.

그러나 용질은 그렇지 못해요.

왜 그럴까요?

어렵게 생각하지 마세요. 예를 들어 보겠어요.

우리는 방문을 마음대로 출입할 수 있어요.

그러나 코끼리는 그렇지 못해요.

그 이유가 뭐지요?

그래요, 몸집 차이예요.

사람의 몸은 문보다 작은 반면, 코끼리는 그 반대예요.

그래서 사람은 출입이 자유롭고, 코끼리는 출입이 어려운 거예요.

세포막의 경우도 마찬가지예요.

물은 세포막에 나 있는 구멍보다 작아요.

하지만 용질은 그렇지가 못해요.

그래서 물은 세포막으로 통과할 수 있지만,

용질은 통과하지 못하는 거예요.

그렇습니다. 세포막이 반투과성 막의 성질을 보이는 것은 송송 뚫려 있는 구멍의 크기 차이 때문이랍니다. 분자가 큰 용질은 통과하지 못하고, 분자가 작은 용매는 통과할 수 있는 것입니다.

즉, 세포막에 나 있는 구멍의 크기는 분자가 큰 용질은 통과하지 못하고, 분자가 작은 용매는 통과할 수 있을 정도의 미세한 크기입니다.

저농도에서 고농도로 용매의 이동

세포막은 용매만 통과시키는 반투과성 막이고, 그 이유가 구멍의 크기 때문이라는 사실을 알았습니다. 그러나 이것으로 우리의 의문이 풀리기에는 여전히 부족합니다.

사고 실험을 하겠습니다.

세포막에는 구멍이 송송 뚫려 있어요.
이 속으로 물이 들어가는 거예요.
그러나 물이 그 구멍 속으로 반드시 들어갈 필요는 없어요.
문이 있다고 꼭 그 안으로 들어가야 하나요?
아니잖아요. 안 들어가고 문 앞에 그냥 서 있어도 되잖아요.
물도 마찬가지예요.
세포막에 나 있는 구멍으로 들어가지 않고, 바로 그 앞에 가만히 머물러 있어도 되는 거예요.
그런데 물은 세포막 속으로 꼭 들어가요.
왜 그럴까요?

여기에는 불평등한 상태를 균형 있게 만들고자 하는 자연의 법칙이 숨어 있어요, 사고 실험을 이어 가겠습니다.

자, 그럼 여기서 곰곰이 생각해 봐요.

식물이 물을 몹시 필요로 할 때가 언제인가요?

바싹 말라비틀어져 있을 때인가요, 아니면 파릇파릇 싱싱할 때인가요?

그래요, 말라비틀어져 있을 때죠.

갈증이 날 때 인체가 몹시 물을 갈구하듯, 식물의 세포도 마찬가지예요.

몸속에 물이 부족하니, 세포가 물을 원하고 있는 거란 말이지요.

식물이 물을 간절히 바랄 때는 어떤 상황인가요?

세포 속의 물이 매우 부족한 상태이죠.

이때 물을 뿌려 주면 어떻게 되겠어요?

세포 밖은 물이 풍족한 환경으로 변하는 거예요.

세포 바깥은 물이 풍족한 데 반해 세포 안쪽은 물이 부족한 환경,

이것은 조화로운 상황과는 거리가 멀지요.

한쪽은 많은데, 다른 한쪽이 그렇지 못한 것은 결코 조화롭다고 볼 수 없는 법이니까요.

조화롭지 못하다는 건, 평등하지 못하다는 거예요.

평등하지 못한 관계가 계속 이어지면 불안정해져요.

불안정한 것은 자연스러운 게 아니에요.

이건 해소해야 돼요.

그래야 안정을 찾을 수가 있어요.

한쪽이 넘쳐서 불안정해진 것을 어떻게 해결하죠?

간단하게 생각하세요.

그래요, 주면 되는 거예요.

넘친 것만큼 상대에게 그냥 주면 되는 거예요.

식물 세포 바깥에 풍족하게 있는 물을 세포 안으로 밀어넣어 주면 되는 거예요.

그것이 바싹 마른 식물의 뿌리가 물을 빨아들이는 이유예요.

물이 많다는 것은 농도가 낮다는 말입니다. 즉 저농도라는 뜻이지요. 자연은 농도가 다른 환경을 좋아하지 않습니다. 그래서 그 차이를 극복하기 위해 저농도에서 고농도로 자연스럽게 용매가 흐른답니다. 물이 세포 밖에서 안으로 들어오

는 것처럼 말입니다. 즉, 세포 밖은 물이 많은 저농도의 상태이고, 세포 안은 물이 없는 고농도 상태이니까요.

확산

고농도에서 저농도로 용질 분자가 퍼져 나가는 것을 확산이라고 해요. 이에 대해서 자세히 알아보도록 하겠습니다.

투명한 그릇이 있습니다. 한가운데를 막으로 막아서 두 구역으로 나누었습니다. 둘로 나누어진 구역의 왼쪽엔 맹물, 오른쪽엔 설탕물을 넣었습니다. 그리고 가운데 막을 제거했습니다. 설탕물이 왼쪽으로 퍼져 나갔습니다.

얼마 후, 그릇 양쪽에 설탕물이 골고루 퍼졌습니다. 설탕물

이 골고루 퍼졌다는 것은 그릇 왼쪽과 오른쪽의 농도가 같아졌다는 뜻입니다. 막을 제거하기 전에는 현격한 차이를 보이던 설탕물의 농도(왼쪽은 저농도, 오른쪽은 고농도)가 막을 제거하자 똑같아진 것입니다.

이처럼 처음에는 서로 달랐던 농도가 한데 어우러져 고농도에서 저농도로 퍼지면서 농도가 같아지는 현상을 확산(diffusion)이라고 합니다.

물에 잉크를 한 방울 뚝 떨어뜨리면, 잉크가 떨어진 자리에 잉크의 진한 색이 두드러지게 나타나지요. 하지만 곧 잉크가 물 전체로 번지면서 진한 잉크색을 거의 찾아볼 수 없게 되지요. 물의 어느 부분에서나 잉크의 농도를 같게 하기 위한 확산이 일어난 것입니다.

삼투

물에 떨어뜨린 잉크 한 방울이 퍼지면서 농도 평형을 이루는 것은 잉크의 관점에서 보면 고농도에서 저농도로 이동하는 현상입니다. 그리고 시든 식물에 물을 주자, 세포막으로 물이 빨려 들어가서 농도 평형을 이루는 것도, 물의 입장에서 보면

물이 많은 쪽에서 물이 적은 쪽으로 움직이는 현상입니다.
여기서 사고 실험을 하겠습니다.

물에 떨어뜨린 잉크 한 방울은 고농도에서 저농도로 이동해요.
이처럼 고농도에서 저농도로 퍼지면서 농도가 같아지는 것을 무엇이라고 했지요?
그래요. 확산이에요.
그렇다면 시든 식물의 세포막으로 물이 움직이는 방향은
저농도에서 고농도인데,
이는 확산과 다른 현상일까요?
이 경우도 확산이라 볼 수 있어요.
고농도에서 저농도로 용질 분자가 이동하는 것이나
저농도에서 고농도로 용매 분자가 이동하는 것이나
농도의 평형을 가져오는 동일한 효과를 나타내기 때문이에요.
그러나 둘 사이에는 차이가 있어요.
잉크의 경우 막이 없는 반면, 식물의 경우는 세포막이 있어요.
막이 있는 것은 막이 없는 경우의 특수한 예라고 볼 수 있어요.
그렇다면 막이 있는 경우를 확산이라고 뭉뚱그려 부르지 않고,
따로 떼어서 다른 이름으로 부르면 더 좋을 거예요.

그렇습니다. 잉크와 식물의 차이는 막이 있느냐 없느냐의 차이입니다. 세포막처럼 반투과성 막을 두고서 물(용매)이 자연스레 이동하는 확산을 가리켜 삼투라고 부릅니다. 그러니까 삼투는 확산의 한 예인 것입니다.

삼투(osmosis)란 농도가 다른 두 용액 사이에 반투과성 막으로 막아 놓았을 경우, 저농도에서 고농도로 용매가 이동하는 것입니다. 용매가 스며든 결과 두 용액의 농도는 서로 같게 되지요. 물(용매)이 세포막을 어떻게 넘어 들어가죠? 그래요, 스며들어 침투하지요. 이 현상이 바로 삼투입니다.

삼투압

삼투 현상을 좀 더 구체적으로 살펴보겠습니다. U자 모양의 투명한 유리그릇을 준비합니다. 유리그릇의 한가운데에 반투과성 막인 셀로판지를 붙여서 유리그릇의 공간을 둘로 나눕니다. 그리고 왼쪽엔 설탕물, 오른쪽엔 물을 채웁니다. 어떤 결과가 나올까요?

사고 실험으로 예측해 보도록 하겠습니다.

유리그릇의 왼쪽과 오른쪽은 농도가 달라요.

설탕 입장에서 보면 왼쪽의 농도가 월등히 높아요.

양쪽의 농도가 다르니 농도 평형이 이루어져야 해요.

확산 현상대로라면 유리그릇의 왼쪽에서 오른쪽으로 용질(설탕) 분자의 자연스런 움직임이 있어야 해요.

고농도에서 저농도로 이동해야 하니까요.

그러나 여기서는 이게 통하지 않아요.

셀로판지는 물만 통과시키는 반투과성 막이거든요.

그럴 경우 어떻게 해야 할까요?

농도 평형을 이루기 위해 물이 움직일 수밖에 없어요.

그래서 오른쪽에 있는 물이 왼쪽으로 움직이게 되지요.

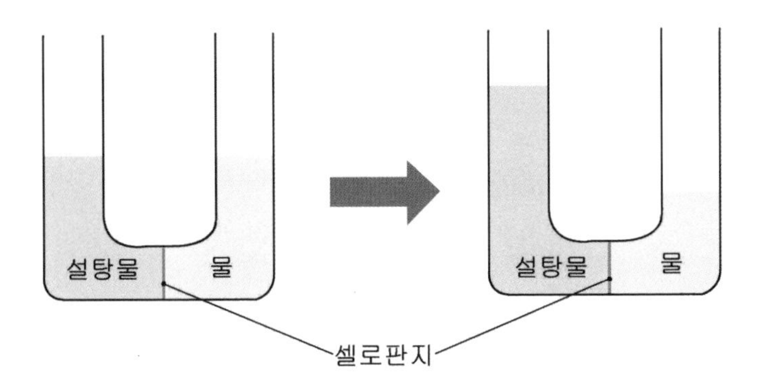

물이 이런 방향으로 이동하니, 오른쪽의 수면은 낮아지고 왼쪽의 수면은 그만큼 높아질 거예요.

이것은 결국 오른쪽의 물이 왼쪽의 설탕물을 밀어 올린 격이에요.

밀어 올리는 건 힘이 작용했다는 거예요.

즉, 압력이 작용했다는 뜻이에요.

지금 우리가 알아보는 것이 어떤 현상이지요?

그래요, 삼투 현상이에요.

그러니 오른쪽 물이 왼쪽의 설탕물을 밀어 올리는 건,

삼투 현상에서 나타나는 압력이 되는 거예요.

삼투 현상에서 나타나는 압력이니까 삼투압이라고 해요.

그러니까 시든 식물의 세포 속으로 물이 흡수되어서 빨려 들어가는 것은 삼투 현상에 의한 삼투압 때문입니다.

과학자의 비밀노트

삼투압(osmotic pressure)

농도가 서로 다른 두 용액이 반투과성 막을 사이에 두고, 삼투가 일어날 때 생기는 압력을 말한다. 예를 들어, 가운데 셀로판지를 두고 양쪽 설탕물의 농도를 다르게 해 준다면 농도가 높은 쪽으로 용매(물)가 이동하여 농도가 높은 쪽의 수면이 더 높아지게 된다. 이때 양쪽의 물의 높이 차이 때문에, 즉 물의 양이 달라서 생기는 압력이 삼투압이다.

만화로 본문 읽기

뿌웅~
괜찮아. 좀 있으면 다 퍼져서 냄새가 안 날 거야.
윽~, 냄새!

확산 현상이요?
맞아요. 확산 현상 때문에 냄새가 퍼져 없어지니까 잠시만 참아요.
그게 뭔가요?

고농도에서 저농도로 자연스럽게 흘러가는 것을 확산이라고 해요. 잉크가 물 전체로 번지는 것도 확산 때문인데, 잉크의 농도를 같게 하기 위해 잉크 입자가 퍼지게 되는 것이지요.

그럼 식물에 물을 주면 자연스럽게 물을 흡수하는 것도 확산 현상인가요?
예. 식물에 물을 주었을 때 세포막으로 물이 빨려들어 가서 농도 평형을 이루는 것도 물의 입장에서 보면 고농도에서 저농도로 움직이는 확산 현상이지요.

잉크와 식물의 확산에서 차이는 막의 유무인데, 식물의 세포막처럼 반투과성 막을 두고서 물이 자연스레 이동하는 확산 현상을 가리켜 삼투 현상이라고 하지요.

아~, 확산 현상은 입자가 퍼지면서 농도가 같아지는 것이고, 삼투 현상은 농도가 다른 두 용액 사이의 농도 차이를 줄여 농도 평형을 이루기 위해 나타나는 현상이군요.
오호, 똑똑한걸.

세 번째 수업

3

적혈구와 삼투 현상

적혈구와 증류수가 만나면 어떻게 될까요?
용혈 현상과 고장액, 등장액, 저장액에 대해서 알아봅시다.

3

세 번째 수업

적혈구와 삼투 현상

교. 고등 생물 II 1. 세포의 특성
과.
연.
계.

반트호프가 학생들에게 도넛을 나누어 주면서 세 번째 수업을 시작했다.

적혈구와 증류수가 만나면

이번에는 혈액 속에서 일어나는 삼투 현상에 대해서 알아보겠습니다.

사람의 혈액 속에는 적혈구가 들어 있습니다. 적혈구는 핵이 없으며, 가운데가 움푹 들어간 모양입니다. 여러분에게 나누어 준 것과 같은 도넛 모양이죠. 이러한 형태는 산소와 이산화탄소를 실어 나르기에 적당합니다.

적혈구에는 붉은색의 헤모글로빈이 들어 있는데, 이것 때

문에 적혈구와 혈액이 붉은색을 띠는 것이랍니다. 적혈구는 골수에서 생성되며, 120여 일 남짓한 수명이 다하면 간과 지라에서 파괴되고, 다시 그만큼의 적혈구가 새롭게 생긴답니다.

적혈구를 증류수에 넣어 보겠습니다. 어떤 현상이 일어날까요?

사고 실험으로 알아보겠습니다.

증류수는 물이에요.

아무것도 들어 있지 않은 순수한 물이에요.

반면 적혈구 속은 그보다 물의 양이 훨씬 적어요.

그렇기 때문에 증류수는 저농도 상태이고, 적혈구는 고농도 상태예요.

이러한 농도 차이는 불균형한 것이지요.

그래서 농도 평형을 맞춰 주기 위해 증류수에서 적혈구 속으로 물이 스며들어 가요.

자연스런 삼투 현상이 일어나는 거예요.

농도 평형을 이루기 위해 적혈구 속으로 물이 계속 들어가요.

물을 먹은 적혈구가 부풀어요.

적혈구 속으로 물이 멈추지 않고 계속 흘러들어요.

농도 평형이 이루어지지 않았기 때문이에요.

적혈구가 계속 부풀어 올라요.

적혈구가 부풀어 오르다가 더 이상 견디지 못하고 결국 터져 버려요.

풍선이 계속 부풀다가 팽창하는 힘을 이기지 못하고 펑 하고 터지는 것처럼 말이에요.

농도가 낮은 상태를 저장성이라고 합니다. 그리고 그때의 액체를 저장액이라고 합니다. 그러니까 증류수는 적혈구에 비해서 저장성의 상태에 있으며, 저장액이 되는 것입니다. 의학적으론 혈액보다 농도가 낮은 액체가 저장액이 됩니다. 저장성의 상태에서는 저장액에서 물(용매)이 빠져나오게 됩니다.

저장액인 증류수를 있는 대로 계속 받아들인 적혈구는 한껏 부풀어 오르다가 그 압력을 견디지 못하고 결국 터져 버리

지요. 적혈구가 터지면서 그 안의 내용물인 붉은 헤모글로빈이 흘러나오게 되는데, 이것을 용혈 현상이라고 합니다.

과학자의 비밀노트

저장액(hypotonic solution)

삼투압이 다른 두 용액 가운데 삼투압이 낮은 쪽의 저농도 용액을 말한다. 흔히 사람의 체액이나 생물의 원형질보다 삼투압이 낮은 저농도 용액을 저장액이라고 한다.

적혈구와 바닷물이 만나면

적혈구를 어느 물에나 넣어도 매번 동일한 현상이 나타날까요? 증류수에 넣어도, 강물에 넣어도, 바닷물에 넣어도 항상 적혈구가 터지면서 붉은 헤모글로빈이 흘러나오는 용혈 현상이 발생할까요? 그렇다면 이번에는 적혈구를 바닷물에 넣어 보겠습니다. 그리고 그 결과를 사고 실험으로 예측해 보도록 하겠습니다.

바닷물은 증류수와는 달라요.

증류수는 물 이외에 아무런 입자가 들어 있지 않아요.

그러나 바닷물은 그렇지가 않아요.

여러 입자들이 있을 뿐만 아니라 소금 성분이 적잖이 들어 있어요.

소금 성분을 기준으로 보면 바닷물은 농도가 높고 적혈구는 낮아요.

농도 차이가 생긴 거예요.

농도 차이를 없애서 농도 평형을 맞추어야 해요.

이때 농도 평형을 맞추는 방법은 2가지가 있어요.

하나는 바닷물에서 적혈구 쪽으로 소금 성분이 이동하는 거예요.

그래야 바닷물과 적혈구의 농도가 서로 같아지니까요.

하지만 이 방법은 곤란해요.

세포막은 물만 들어오고 나가게 하잖아요.

그래서 소금 성분이 적혈구의 세포막으로 들어오는 것을 허락하지 않지요.

세포막에 뚫린 구멍이 소금 성분보다 작기 때문이에요.
다른 하나는 적혈구에서 바닷물 쪽으로 삼투 현상이 일어나는 거예요.
이 경우는 적혈구 속에 있는 물이 바닷물 쪽으로 빠져나와야 해요.
그래야 바닷물을 묽게 해서 적혈구와 농도를 서로 같게 할 수 있으니까요.
이것은 가능한 방법이에요.
세포막은 소금 성분의 유출입은 허락하지 않아도
물이 들어가고 나가는 것은 언제든지 허락하니까요.
적혈구에서 물이 빠져나가요.
바닷물 쪽으로 자연스런 삼투 현상이 일어나는 거예요.
그러나 이 정도로는 농도 평형을 이루기 어려워요.
농도 평형을 이루기 위해 적혈구에서 물이 계속 빠져나가요.
물이 빠진 적혈구가 쪼그라들어요.
하지만 물 빠지는 현상이 여기서 그치지 않아요.
농도 평형을 이루기 위해 적혈구의 물빠짐이 계속 이어져요.
적혈구가 계속 쪼그라들어요.
적혈구가 쪼그라들다 못해 바짝 수축해요.
잎이 태양광선에 바싹 말라비틀어지는 것처럼 말이에요.

이처럼 같은 물이라도 적혈구를 바닷물에 넣으면, 적혈구

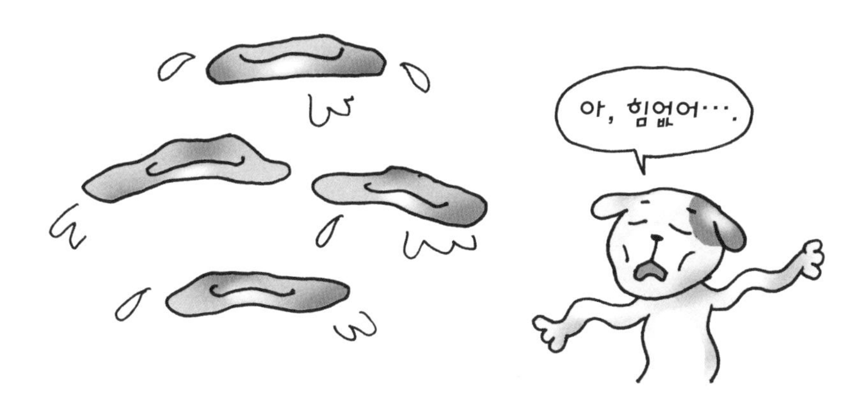

가 증류수를 만나는 경우와는 반대의 결과가 나타납니다.

바닷물은 소금을 비롯한 여러 성분이 섞여 있습니다. 그래서 바닷물은 적혈구보다 농도가 월등히 높답니다. 농도가 높은 상태를 고장성이라고 하지요. 그리고 그때의 액체를 고장액이라고 합니다. 그러니까 바닷물은 적혈구에 비해 고장성의 상태에 있는 것이며, 고장액이 되는 것입니다.

의학적으로는 혈액보다 농도가 높은 액체가 고장액이 됩니다. 고장성의 상태에서는 고장액으로 물(용매)이 흘러들어 가게 된답니다.

과학자의 비밀노트

고장액(hypertonic solution)

삼투압이 다른 두 용액 가운데 삼투압이 높은 쪽의 고농도 용액을 말한다. 흔히 사람의 체액이나 생물의 원형질보다 삼투압이 높은 고농도 용액을 고장액이라고 한다.

등장액과 생리 식염수

우리는 앞에서 적혈구가 정상적인 기능을 할 수 없는 2가지 상황을 살펴보았습니다. 적혈구와 증류수가 만나면 저장성의 상태가 되어서 터져 버리고, 적혈구와 바닷물이 만나면 고장성의 상태가 되어서 쪼글쪼글하게 수축한다는 사실을 말이지요.

어릴 적 이런 상상을 해 본 적이 있을 겁니다.

'주사기에 물을 넣어서 혈관에 주사하면 어떻게 될까?'

이제 우리는 그 답을 알았습니다. 상상하기에도 끔찍한 위험천만한 상황이 벌어진다는 사실을 말입니다. 주사한 물의 농도가 낮은 저장액이라면 적혈구가 파괴될 것이고, 물의 농도가 높은 고장액이라면 적혈구는 수축할 것입니다.

적혈구는 생명 활동에 결정적인 역할을 합니다. 적혈구가 제대로 작동하지 못하는 혈액은 더 이상 혈액이 아닙니다. 여기서 우린 이런 사실을 알 수 있습니다. 적혈구를 저장액이나 고장액과 만나게 해선 안 된다는 사실을 말입니다.

기준 용액이 있을 때 이것과 농도가 같은 액체를 등장액이라고 합니다. 의학적으로는 혈액과 농도가 같은 액체가 등장액이 되지요.

적혈구를 등장액에 넣으면 어떠한 결과가 빚어질까요? 다시 한 번 검증한다는 의미로 사고 실험을 통해 살펴보겠습니다.

적혈구를 등장액에 넣어요.
등장액은 적혈구와 농도가 같은 용액이에요.
농도가 같다는 것은 농도 평형이 되어 있다는 뜻이에요.
즉, 적혈구 안으로 들어오는 물의 양이나
적혈구 밖으로 나가는 물의 양이 같은 상태가 되지요.
따라서 적혈구의 모양에는 아무런 변화가 나타나지 않아요.
용혈 현상이나 적혈구가 쪼그라드는 일이 일어나지 않는 거예요.

생리 식염수와 링거액은 대표적인 등장액입니다. 등장액이다 보니 삼투 현상이 일어나지 않지요.

생리 식염수란 동물의 혈액 속에 있는 염분 농도와 같게 만든 액체입니다. 증류수에 염화나트륨을 섞어서 만들지요.

생리 식염수에 혈액 성분과 가까운 여러 요소를 첨가해서 만든 용액이 링거액입니다. 링거액은 영국의 의학자인 링거(Sydney Ringer, 1835~1910)가 최초로 제조하여 사용했답니다. 인체의 경우에는 염화나트륨, 염화칼륨, 염화칼슘 등을 물에 녹여서 제조한 링거액을 사용합니다.

혈액을 관찰하거나 실험실에서 조직을 배양할 때, 삼투 현상이 일어나면 곤란할 겁니다. 적혈구에 변화가 생길 테니까요. 그러면 정확한 실험 결과를 얻을 수가 없을 것입니다. 그래서 혈액을 관찰하거나 실험실에서 조직을 배양할 때에는 삼투 현상이 일어나지 않도록 등장액을 이용한답니다.

과학자의 비밀노트

등장액(isotonic solution)

삼투압이 서로 같은 두 용액을 말한다. 이때 두 용액의 농도는 같으므로 농도 평형 상태에 있다. 흔히 사람의 혈액이나 체액과 삼투압이 같은 용액을 말한다.

생리 식염수에 대한 기억

옛날 한국인들은 아이가 배가 아프면 할머니나 어머니가 아이를 방에 뉘여 놓고 자장가를 부르듯 흥얼거리면서 손바닥으로 배를 천천히 쓸어 주었다고 하지요?

"할머니 손은 약손이란다."

"엄마 손은 약손이다."

그렇다면 어른들의 이런 행동에 대한 결과는 어떠했을까요? 신기하게도 아팠던 배가 감쪽같이 나았다고 합니다. 할머니와 어머니는 정말 병을 치유하는 약손을 갖고 있었던 걸까요?

결론부터 말하면 물론 아닙니다. 이것은 플라세보 효과입니다. 플라세보(placebo)란 '마음에 들도록 하자'라는 뜻을 가진 라틴 어로, 진짜가 아닌 가짜 약을 의미한답니다. 그러니까 플라세보 효과는 가짜 약을 사용해서 치료 효과를 거두는 행위입니다. 약효가 없는 가짜 약을 진짜인 것처럼 믿게 해서 유용한 치료 결과를 이끌어 내는 것이 플라세보 효과인 것입니다.

'할머니 손은 약손, 엄마 손은 약손'이라는 말에 환자는 포근한 정신적 위안을 받아서 배가 아픈 것을 잊는 것이지요.

지금도 그런지 모르겠지만, 예전에는 농촌에 가면 어르신들이 몸이 쑤시고 관절이 아프다며 링거 한 병 꽂아 달라고 하곤 했습니다. 솔직히 링거액은 병을 고치는 약물이 아닙니다. 증류수에 염분을 추가해 혈액과 같은 농도를 맞춘 단순한 생리 식염수일 뿐이지요.

그런데 링거 한 병을 다 맞고 난 그들의 발걸음은 병원 문을 들어설 때와는 판이하게 달랐답니다. 언제 몸이 쑤시고 관절이 아팠냐는 듯, 씩씩하게 집으로 돌아가는 것이었지요. 이 또한 정신적 위안을 환자에게 심어 주어서 치료 효과를 톡톡히 본 플라세보 효과의 대표적인 예라 할 수 있습니다.

만화로 본문 읽기

사람의 혈액에는 적혈구가 들어 있다는 것은 모두 알고 있지요?
네!

적혈구는 핵이 없으며, 가운데가 움푹 들어간 도넛 모양이에요. 이러한 형태는 산소와 이산화탄소를 실어 나르기에 적당하지요.

적혈구에는 붉은색의 헤모글로빈이 들어 있는데, 이것 때문에 혈액이 붉은색을 띠는 거예요. 적혈구는 골수에서 생성되며, 120여 일이 지나면 간과 지라에서 파괴되고, 다시 그만큼 생성되지요.
골수
(적혈구 생성)
적혈구
120일간 작용
비장
간
(적혈구 파괴)

선생님, 만약 적혈구를 증류수에 넣으면 어떻게 되나요?
삼투 현상
농도 높음
농도 낮음
물을 기준으로 보면 증류수는 농도가 높고 적혈구는 농도가 낮아요. 따라서 농도 평형을 맞추기 위해 증류수에서 적혈구 속으로 물이 스며들어가게 돼요. 자연스런 삼투 현상이 일어나는 거지요.

그리고 적혈구 속으로 물이 멈추지 않고 계속 흘러들어가면서 물을 먹은 적혈구가 부풀어 오르다가 더 이상 견디지 못하고 결국 터져 버리게 되는 거죠.

증류수와 적혈구가 만나 이렇게 터져 버리는 것을 용혈 현상이라고 합니다.
윽, 진짜 혈액 속에서 용혈 현상이 일어난다면 끔찍할 것 같아요.

네 번째 수업 4

식물과 삼투 현상

민물과 소금물은 어떤 차이가 있을까요?
식물이 민물과 소금물을 만나면 어떻게 되는지 알아봅시다.

4

네 번째 수업

식물과 삼투 현상

교. 고등 생물 II 1. 세포의 특성
과.
연.
계.

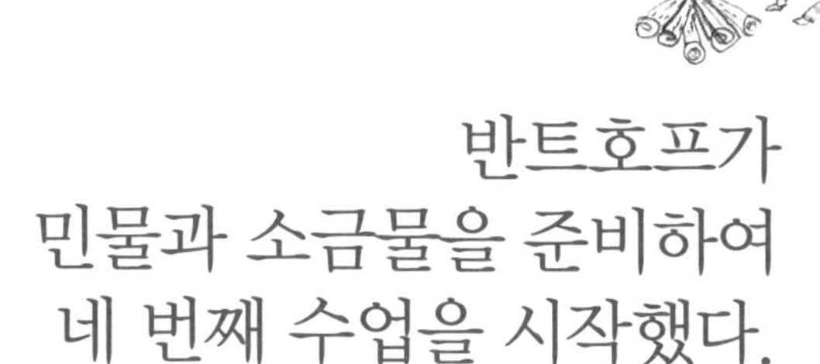

반트호프가 민물과 소금물을 준비하여 네 번째 수업을 시작했다.

민물과 소금물

지구는 물이 풍부하지요. 지구의 물은 바닷물과 육지의 물로 나뉩니다. 육지의 물은 대부분 민물이지요. 민물은 바닷물에 비해 염분이 적게 들어 있어서 짜지 않은 물이랍니다.

바닷물은 지구에 분포하는 물의 97% 이상을 차지하고 있으며, 민물과는 달리 짠맛이 납니다. 물이 바다로 이동하면서 소금기를 포함한 여러 물질을 녹이면서 흘러간 까닭입니다.

과학자의 비밀노트

염분(salinity)

1kg(1000g)의 바닷물 안에 들어 있는 염류(바닷물에 녹아 있는 여러 가지 성분으로 염화나트륨, 염화마그네슘 등이 있다.)의 g수이다. ‰(퍼밀)의 단위를 사용하며, 세계 바다의 평균 염분 농도는 35‰이다. 예를 들어 바닷물 1kg에 50g의 염류가 있다면 염분 농도는 50‰이다.

식물이 민물을 만나면

식물이 민물을 만나면 어떤 결과가 빚어질까요?
사고 실험으로 알아보도록 하겠습니다.

민물은 염분이 적은 물이에요.

염분을 기준으로 보면, 민물은 농도가 낮아요.

저장성의 상태가 되는 거예요.

민물과 식물은 농도가 서로 달라요.

그래서 농도 평형을 이루어야 해요.

민물에서 식물의 세포 속으로 물이 스며들어가요.

삼투 현상이 자연스럽게 일어나는 거예요.

농도 평형을 이루기 위해 물이 식물 세포 속으로 계속 들어가요.

물을 먹은 식물 세포가 부풀어요.

식물 세포 속으로 물이 계속 흘러들어요.

식물 세포가 계속해서 부풀어 올라요.

그렇습니다. 물을 한껏 먹은 식물 세포의 부피는 부쩍 증가합니다. 그러나 여기까지입니다. 적혈구가 부풀어 오르다가 더는 삼투압을 견디지 못하고 터져 버리는 것과 같은 종말을 맞지는 않습니다.

부피는 커지는데 터지지 않는다는 것은, 팽창시키려는 압력을 견디고 있는 무엇인가가 있다는 의미입니다. 식물 세포에는 신축성이 뛰어난 세포벽이 있는데, 이것이 그 역할을 충실히 해 준답니다. 그래서 식물 세포는 저장액 속에서도, 동물 세포의 적혈구처럼 터지는 일이 발생하지 않는 것이랍니다. 동물 세포에서 적혈구가 터지는 것은 세포벽이 없고 세포 외각에 얇은 막만이 있기 때문입니다.

물을 흡수하면 식물 세포는 팽창합니다. 이렇게 생긴 힘을 팽압이라고 합니다. 즉, 세포벽을 사방으로 밀어내는 힘이 팽압인 것입니다.

여기서 간단히 사고 실험을 하겠습니다.

세포 주변 용액이 저장액일 때 삼투 현상에 의해

식물 세포에 팽압이 생겨요.

팽압은 세포를 마구 팽창시켜요.

그러나 세포는 터지지 않아요.

이것은 팽압에 상응하는 힘이 있다는 뜻이에요.

팽압을 버틸 수 있는 것은 세포벽 때문이에요.

그러니 세포벽은 팽압이 작용하는 방향과는 반대로

동등한 세기의 힘이 작용하고 있는 거예요.

그렇습니다. 힘의 평형을 이룬다는 것은 양쪽에서 같은 세기의 힘이 작용하고 있다는 얘기입니다. 팽압에 버틸 수 있는 이 힘을 벽(세포벽)이 작용하는 압력이라는 뜻으로 벽압이라고 합니다.

팽압과 벽압이 팽팽한 힘으로 맞설 때, 식물은 곧게 설 수 있습니다. 그때 식물의 세포벽이 견고하게 되니까요. 이러한 상태는 삼투 현상으로 식물이 물을 흡수했을 때에 가능한 일입니다. 식물이 물을 흡수하지 못하면 팽압이 생기지 않아 보릿자루 꺾이듯 맥없이 시들게 된답니다.

식물이 소금물을 만나면

이번엔 식물이 소금물을 만나면 어떤 결과가 일어나는지, 사고 실험을 통해 살펴보도록 하겠습니다.

소금물은 염분이 많은 물이에요.

염분을 기준으로 보면, 소금물은 농도가 높아요.

고장성의 상태가 되는 거예요.

소금물과 식물은 농도가 다르지요.

그래서 농도 평형을 이루어야 해요.

식물 세포에서 소금물로 물이 빠져나가요.

삼투 현상이 자연스럽게 이루어지는 거예요.

농도 평형을 맞추기 위해 식물 세포에서 물이 계속 빠져나가요.

식물 세포가 쪼그라들어요.

팽압이 약해지는 거예요.

식물 세포로부터 물이 계속 빠져나가요.

팽압은 더욱 약해져요.

식물 세포는 계속 쪼그라들어요.

식물 세포가 더 이상 쪼그라들 수 없는 상황이 되지요.

팽압이 없는 상황이 된 거예요.

세포막이 세포벽에서 떨어져 나와요.

세포질 속 수분이 계속 빠져나가면 세포의 부피가 자꾸만 감소하지요. 그러면서 세포막이 세포벽에서 떨어지게 되는데, 이것을 원형질 분리라고 합니다. 그리고 세포막의 분리가 막 시작되는 단계를 한계 원형질 분리라고 합니다.

한계 원형질 분리가 일어나는 순간의 팽압은 0(영)입니다. 세포에 물이 다 빠져나가서 팽압이 사라져 버렸으니 세포막을 지지해 줄 힘이 완전히 사라져 버린 것입니다. 소금물에 담갔을 때, 식물이 흐물흐물 시들 수밖에 없는 이유입니다.

바다 생물과 바닷물

바닷물에 들어 있는 염분 농도는 3% 남짓한 정도입니다. 이것은 바다 생물의 세포에 포함되어 있는 염분 농도와 비슷한 양입니다.

여기서 사고 실험을 하겠습니다.

바닷물과 바다 생물 세포의 염분 농도는 비슷해요.

염분을 기준으로 보면, 바닷물과 바다 생물 세포는 등장성이 되는

거예요.

등장성은 농도 평형이 이루어진 상태예요.

즉, 세포 안으로 들어오는 물의 양이나 세포 밖으로 나가는 물의 양이 같은 상태이지요.

따라서 바다 생물 속의 세포는 아무런 영향을 받지 않아요.

이것이 바다 생물이 짜디짠 바닷물 속에서도 유유히 생명을 이어갈 수 있는 비결이에요.

만화로 본문 읽기

선생님, 지난 시간에 적혈구를 증류수에 넣으면 용혈 현상 때문에 터져 버린다고 하셨잖아요.
네, 그랬지요.

식물이 세포보다 농도가 낮은 담수를 만나면 어떤 결과가 빚어질까요?
물론 물을 한껏 먹은 식물 세포의 부피는 부쩍 증가합니다.
적혈구처럼 터져 버리지 않을까?

그러나 여기까지입니다. 식물 세포는 적혈구가 부풀어 오르다가 더는 삼투압을 견디지 못하고 터져 버리는 것과 같은 종말을 맞지는 않습니다.
부피가 커지는데 왜 안 터지나요?

터지지 않는다는 것은 팽창시키려는 압력을 견디고 있는 무엇인가가 있다는 의미입니다. 신축성이 뛰어난 세포벽이 이 역할을 해 준답니다.
그럼 적혈구가 터지는 것은 세포벽이 없기 때문이겠군요.

선생님, 그럼 만약 식물이 농도가 높은 염수를 만나면 어떻게 되나요?
식물 세포보다 농도가 더 진한 물을 만나면 물이 계속 빠져나가면서 세포의 부피가 감소하게 된답니다.

그리고 어느 순간 세포막이 세포벽에서 떨어지게 되는데, 이것을 '원형질 분리'라고 해요.
떨어지니까 분리라고 하는 거군요.

다섯 번째 수업

5

김치와 삼투 현상

배추는 어떻게 숨이 죽을까요?

김치 속에 숨은 삼투 현상과 옹기의 이점에 대해서 알아봅시다.

5

다섯 번째 수업
김치와 삼투 현상

교. 고등 생물 II 1. 세포의 특성
과.
연.
계.

반트호프가 음식 이야기로 다섯 번째 수업을 시작했다.

배추 숨 죽이기

한국 국민이 가장 즐겨 먹는 음식 중의 하나가 김치이지요. 한국인들이 타국에 나가 있을 때 무엇보다 절실하게 생각나는 것도 바로 김치입니다. 그리고 연거푸 몇 끼를 육식만 하다 보면 느끼함 때문에 그것을 중화시키고 싶은 마음이 들곤 합니다. 그때 몸이 자연스럽게 김치를 찾는 것만 보아도 한국인과 김치는 떼려야 뗄 수 없는 관계임이 분명합니다.

김치를 담그려면 우선 배추의 뻣뻣함을 없애야 합니다. 이

를 가리켜 흔히 배추의 숨을 죽인다고 하는데, 여기에 삼투 현상의 비밀이 숨어 있답니다.

사고 실험을 하겠습니다.

식물이 뻣뻣하다는 것은 세포질이 튼튼히 서 있다는 뜻이에요.

세포 속에 물이 충분히 차 있다는 뜻이기도 하고요.

갓 뽑은 배추는 뻣뻣해요.

뻣뻣한 잎은 부드럽지가 않아요.

부드럽게 하려면 세포질을 맥없게 해야 해요.

세포질이 꼿꼿한 이유는 그 속에 차 있는 물 때문이니,

세포 속의 물을 뽑아내면 배추가 부드러워질 거예요.

물을 자연스레 뽑아내려면 삼투 현상을 이용하면 돼요.

그렇게 하려면 물에 소금을 타서 소금물을 만들어요.

그리고 배추를 소금물에 담가요.

소금의 입장에서 보면, 배추는 농도가 낮고 소금물은 농도가 높아요.

농도 차이가 생긴 거예요.

농도 평형을 이루기 위해 삼투 현상이 일어날 수밖에 없어요.

그런데 배추의 세포막으로는 소금 입자가 들어갈 수 없어요.

소금 입자가 배추의 세포막보다 크기 때문이에요.

따라서 배추의 세포에서 물이 빠져나와요.

얼마 후 배추는 시들해져요.

배추의 숨이 죽은 거예요.

숨이 죽은 배추는 여러모로 이롭습니다. 김치를 버무리려면 빳빳한 배추 잎보다는 부드러운 배추 잎이 다루기가 쉽지요. 물기가 빠지지 않은 빳빳한 배추 잎에 갖은 양념을 묻히고 버무리려고 해 보세요. 배추 잎이 꺾어지고 부러지고 말 거예요. 그러면 모양도 예쁠 리가 없지요.

숨을 죽인 배추의 이점은 이뿐만이 아니랍니다. 배추의 입장에서 보면 빠져나간 물만큼 무게가 줄어든 셈이니 배추를 옮기고 담는 일도 손쉽게 할 수 있답니다. 한 번에 2포기 옮길

것을, 3포기도 옮길 수가 있겠지요. 그리고 배추가 빳빳하지 않은 상태라면 부피도 작기 때문에, 빳빳한 배추로는 10포기밖에 넣을 수 없는 용기에 12~13포기나 그 이상의 포기를 거뜬히 담아 넣을 수가 있을 겁니다.

김치와 젓갈

배추 잎의 숨을 죽인 다음에는 갖은 양념으로 김치 속을 버무리는데, 여기에는 단순히 김치의 맛을 돋우려는 것 그 이상의 의미가 담겨 있답니다.

단순히 배추 잎만을 먹으면 별맛을 느낄 수 없기 때문에 김치 속을 버무린다고 하면 숨이 죽은 배추 잎을 한 장 한 장 뜯어서 양념을 묻혀 먹든가, 수분이 빠지지 않은 통통한 배추 잎으로 양념을 콕 찍어서 먹어도 될 것입니다. 그런데 그렇게 하지 않고 애써 배추 잎을 한 장 한 장 펴서 그 속에 양념을 척척 바르는 데에는 미생물의 활동을 최적화하려는 뜻이 담겨 있답니다.

배추의 숨이 죽고 소금 간이 적당히 배고 나면, 다음은 미생물이 활동할 차례가 됩니다. 미생물도 하나의 생명체이기 때문에 활동을 위한 먹이가 필요한데, 숨이 죽은 배추 잎에 바른 젓갈과 양념은 미생물의 활동을 도와주는 더없이 좋은 먹이가 되어 준답니다. 젓갈과 양념이 지니고 있는 당분과 아미노산, 비타민, 기타 무기질들이 소금과 적절히 반응하면서 직·간접적으로 미생물의 먹이가 되어 주는 것입니다. 김치에 기생하는 미생물은 이를 양식으로 삼아 인체에 유익한 젖산균(유산균)을 많이 만들어 낸답니다.

김치의 숙성에 관여하는 젖산균은 김치만의 독특한 맛을 내는 원천입니다. 김치의 숙성 초기에 관여하는 젖산균은 식이 섬유의 촉진을 도와 원활한 물질대사에 도움을 주고, 그 이후에 관여하는 젖산균은 특히 산에 강하답니다.

김치는 오래될수록 시큼한 맛이 나는데, 이것은 그 어떠한 젖산균도 따라올 수 없는 고농도의 젖산균이 왕성히 생성되었다는 뜻이랍니다.

김치에는 인체에 유익한 30여 종의 균이 살아 숨 쉬며, 젖산 발효 작용을 돕는 것으로 알려져 있습니다. 5~10℃의 온도에서 보름이나 20여 일 남짓한 기간 동안 숙성시켰을 때, 김치의 맛이 가장 좋고 영양분도 풍부한 걸로 알려져 있습니다.

김치와 옹기

예전에는 김치를 옹기에 담았습니다. 그러나 요즘에는 옹기보다는 플라스틱이나 알루미늄, 스테인리스 용기에 주로 담습니다. 가볍고 튼튼하고 편리하다는 점에서는 플라스틱이나 알루미늄, 스테인리스로 만든 용기가 옹기보다 우수합니다. 하지만 김치를 저장해서 숙성시키는 면에 있어서는 아무리 좋은 현대식 저장 용기라 하더라도 옹기를 따라오지 못합니다.

옹기를 만드는 주재료는 흙입니다. 흙은 여러 광물의 집합체여서 아무리 정교하게 굽는다고 해도 미세한 구멍이 남을

수밖에 없습니다. 그런데 이 미세한 구멍이 김장 김치의 숨구멍 역할을 한답니다.

옹기의 미세한 구멍은 물이 통과하기에는 작아서 적당하지 않지만, 공기가 드나들기에는 안성맞춤입니다. 그렇다 보니 김장 김치의 내용물은 옹기 밖으로 빠져나올 수 없는 반면, 공기는 쉼 없이 옹기의 내부와 외부 사이를 들락거리게 되지요. 흐르지 않는 물은 썩게 마련이듯, 움직임이 없는 공기는 내용물을 부패시키는 주원인이 됩니다. 그러나 공기를 수시로 바꾸어 주면 내용물의 신선도가 그만큼 오래갈 것입니다. 이것이 바로 옹기 속에 김치를 넣어 두면 부패하지 않고 오랫동안 보관할 수 있는 이유입니다. 생활 속에 녹아 있는 우리 선조들의 지혜가 놀라울 따름입니다.

만화로 본문 읽기

네, 그리고 이렇게 절인 배추에 양념을 바르게 되면 그 다음부터는 미생물에 의한 발효가 일어나게 된답니다.

여섯 번째 수업

6

우리 **생활**과 **삼투 현상**

콩팥 투석에 삼투 현상이 어떻게 적용될까요?
또 우리 생활에서 삼투 현상을 볼 수 있는 경우를 알아봅시다.

6

여섯 번째 수업

우리 생활과 삼투 현상

교. 고등 생물 Ⅰ 5. 배설
과.
연.
계.

반트호프가 인체 해부도에서 콩팥을 가리키며 여섯 번째 수업을 시작했다.

콩팥과 삼투 현상

콩팥은 노폐물을 걸러 내고 물을 배설해서 혈액의 농도를 조절하는 역할을 합니다. 콩팥에 이상이 생겨서 여과가 제대로 이루어지지 못하면, 몸속에 물이 남게 되어 혈압이 오른답니다. 그래서 혈압약 대부분이 물의 배출을 용이하게 해 주는 이뇨제이지요.

혈압이 상승하면 부종과 요독증이 생깁니다. 흔히 부기를 느낀다고 하는데, 이것이 부종이라고 생각하면 됩니다. 요독

증은 불필요한 물질이 오줌으로 배출되지 못하고 체내에 축적되어 나타나는 병이랍니다.

콩팥의 기능 저하가 심하면 신부전증으로 이어져서 적혈구가 줄어들고 빈혈이 발생한답니다.

콩팥의 기능은 당뇨병과도 무관하지 않습니다. 당뇨병이란 소변에 당이 섞여 나오는 질병이지요. 정상인의 경우, 콩팥에서 포도당의 흡수가 철저히 이루어지지요. 그러나 당뇨병 환자는 콩팥에서 흡수되지 못한 포도당이 오줌에 거의 무방비로 섞여 나온답니다. 인체의 주요 에너지원인 포도당이 소변을 볼 때마다 구멍 난 주머니에서 동전 새어 나가듯 줄줄 버려지니 몸이 약해질 수밖에 없지요.

콩팥의 기능을 나쁘게 하는 데는 무분별한 약의 남용도 한몫한답니다. 약물은 간에서 파괴되지만, 그러기에 앞서 콩팥에서 먼저 걸러진다는 사실을 명심할 필요가 있습니다.

콩팥의 기능이 정상적이지 못한 경우, 이와 같은 여러 부작용이 나타날 수가 있습니다. 그래서 혈액 속의 불필요한 물질을 걸러 내는 투석을 한답니다. 흔히 이것을 콩팥 투석(신장 투석)이라고 하는데, 바로 여기에 삼투 현상이 적용된답니다.

사고 실험을 하겠습니다.

콩팥에서 제대로 거르지 못한 혈액 속에는 여러 이물질이 들어 있어요.

이물질의 기준에서 보면, 콩팥에서 제대로 거르지 못한 혈액은 증류수는 말할 것 없고 일반 혈액보다도 농도가 높은 거예요.

콩팥에서 제대로 거르지 못한 혈액 옆으로 농도가 낮은 인공 혈액을 흘려주어요.

그리고 이 두 혈액 사이에 막을 두어서 차단시켜요.

막에는 인체에 해로운 이물질만 드나들 수 있는 정도의 작은 구멍이 송송 뚫려 있어요.

콩팥에서 제대로 거르지 못한 혈액과 인공 혈액 사이에 농도 차이가 생겼으니, 그것을 해소해야 해요.

농도 평형을 맞추려는 방향으로 이물질이 이동해야 하는 거예요.

콩팥에서 제대로 거르지 못한 혈액 속 이물질이 그보다 농도가 낮

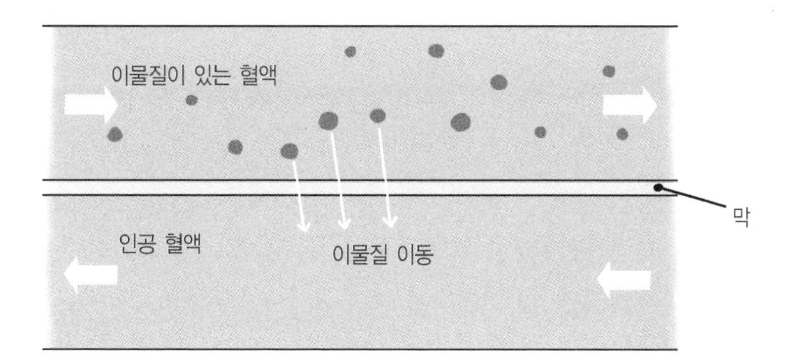

은 인공 혈액 속으로 흘러들어 가요.

이물질이 빠졌으니, 혈액이 깨끗해져요.

반면 인공 혈액은 이물질을 받아들였으니,

이물질에 오염된 것이나 마찬가지예요.

이것이 삼투 현상의 원리를 이용한 콩팥 투석의 원리예요.

콩팥의 기능이 제대로 이루어지지 않는 사람들의 피를 인공적으로 걸러 내는 콩팥 투석의 원리 속에는 삼투 현상이 이렇게 적용되고 있답니다.

손바닥, 발바닥과 삼투 현상

요즘은 한국도 목욕 문화가 많이 바뀌어서 목욕탕을 일종의 피로를 푸는 장소로 여기게 되었습니다. 피로가 쌓이면 뜨거운 물에 들어가 몸을 푹 담그곤 합니다. 그런데 그때 이상한 점을 느끼지 못했나요?

어느 순간 손바닥과 발바닥을 보면 피부가 평소와는 다른 모양을 하고 있는 겁니다. 왜 이런 현상이 일어나는 걸까요?

사고 실험을 하겠습니다.

손과 발이 탕에 잠겨 있어요.

상대적으로 손과 발은 농도가 높고 탕은 농도가 낮아요.

농도 차이가 있으므로 이를 해소해야 해요.

농도 평형을 맞추려는 방향으로 물이 이동해요.

탕의 물이 손과 발의 피부 속으로 자연스레 스며들어 가는 거예요.

물을 먹었으니, 손과 발의 피부가 불어요.

탕 안에 오래 있다 보면,

손바닥과 발바닥이 평소와는 다른 모양으로 변하게 되는 것이에요.

목욕을 할 때 손가락과 발가락이 쭈글쭈글해지는 현상 속에도, 이렇게 삼투의 원리가 들어 있답니다.

물은 손바닥과 발바닥으로 스며듭니다. 그러나 속까지 깊이 침투해 들어가는 것은 아닙니다. 물은 겉피부까지만 스며들지요. 내부는 그대로인 반면, 바깥 피부만 통통 불어서 늘어난 셈이니, 쭈글쭈글해 보일 수밖에요.

생선과 삼투 현상

생선에 소금을 뿌린 후 굽거나 끓이면 맛이 더욱 좋아집니다. 또한 생선을 오랫동안 보관할 때에도 소금을 뿌립니다. 그 이유는 무엇일까요?

생선에 소금을 뿌리면 삼투의 원리로 생선 속의 물은 빠져나가고, 액즙은 밖으로 빠져나오지 않게 되어 생선의 맛은 더욱 좋아집니다. 또한 미생물이 잘 자라지 못하게 되어 생선의 부패를 막아 주지요. 왜냐하면 소금물 속에서는 미생물이 원형질 분리를 일으켜 번식이 억제되기 때문입니다.

이처럼 생선에 소금을 뿌릴 때 적용되는 삼투 현상에 대해 사고 실험을 하겠습니다.

생선을 오래 보관해 놓고 먹고 싶어요.

그러기 위해서는 생선이 부패되면 안 될 거예요.

부패한다는 것은 음식물을 상하게 하는 미생물이 활동한다는 것을 의미해요.

미생물의 활동을 막아야 해요.

사람도 마찬가지지만, 미생물의 생활도 물과 긴밀히 연관돼 있어요.

물이 없으면 활동이 위축된다는 뜻이에요.

그러자면 생선 속의 물을 빼 주어야 해요.

하지만 생선 속의 물을 아무렇게나 빼낼 수는 없어요.

주사기를 들이대거나 생선을 짓눌러서 짜내면 안 된다는 말이에요.

그렇게 하면 생선 살이 부서질 뿐만 아니라, 물을 제대로 빼낼 수도 없게 되지요.

자연스럽게 물을 빼낸다는 것은 물이 저절로 흘러나오게 하는 거예요.

저절로 흘러나온다? 그래요, 삼투를 이용하는 거예요.

삼투는 농도 차이를 이용하는 방법이에요.

소금을 생선에 듬뿍 뿌려주면 농도 차이가 생겨요.

즉, 생선 속은 농도가 낮고 밖은 농도가 높아져요.

농도 차이가 생겼으니, 그것을 해소해 주어야 해요.

농도 평형을 이루어야 하니까요.

녹지 않은 소금 입자는 굵어요.

그래서 고체 상태의 소금 입자가 생선 속으로 들어가기는 어려워요.

그렇다면 생선에서 물이 나와 소금을 묽게 할 거예요.

소금을 뿌리면 생선에서 물이 저절로 빠져나오는 이유예요.

이러한 방법은 냉장고가 없던 시절, 생선을 오래 보관해 놓고 먹기 위해서 우리 선조들이 즐겨 사용했던 생활의 지혜랍니다.

바닷물 마시는 것과 삼투 현상

바다에 장시간 머물게 되면 식수가 점점 부족해집니다. 목이 마르다고 바닷물을 함부로 마시면 끔찍한 상황이 벌어지게 되지요. 그 상황이 얼마나 비참한지, 제2차 세계 대전 중 일본 잠수함의 어뢰에 맞고 침몰한 미군 전함 인디애나폴리스 호의 경우에서 알 수 있습니다.

침몰한 선박에서 가까스로 살아난 선원들은 구명대와 구명정에 겨우 몸을 의지한 채 목숨을 부지하고 있었습니다. 그러나 하루가 가고 이틀이 지나도 구조선이 나타날 기미조차 보이지 않았습니다. 그러자 참는 데 한계가 오기 시작했습니다. 갈증을 더 이상 이기지 못한 한 선원이 급기야 바닷물을 벌컥벌컥 들이마신 겁니다.

하지만 곧바로 나타난 그 이후의 결과는 비참했습니다. 그는 미친 듯이 몸부림쳤습니다. 그러고는 곧바로 정신을 잃고, 이내 세상을 떠나게 되었습니다.

상상하기도 싫은 끔찍한 상황이지만, 여기에도 삼투 현상이 관여되어 있지요.

사고 실험을 하겠습니다.

바닷물은 소금기가 많아요.

반면 우리 몸의 혈액은 그보다 소금기가 적어요.

소금의 입장에서 보면, 바닷물은 농도가 높고 혈액은 농도가 낮은 거예요.

농도 차이가 생겼으니, 그것을 해소해 주어야 할 거예요.

농도 평형을 맞추려는 방향으로 말이에요.

하지만 소금이 움직일 수는 없어요.

몸속의 세포막이 소금 알갱이가 들어오는 것을 허용하지 않기 때문이에요.

그래서 물이 이동해야 해요.

물이 자연스레 세포 속에서 빠져나와요.

물이 빠져나가니 세포가 수축해요.

물이 부족해진 셈이니, 갈증은 더욱 심해져요.

바닷물을 마시면 마실수록 더 목마른 이유예요.

짠 음식을 먹으면 먹을수록 물을 많이 먹게 되는 이유와 같은 거예요.

갈증을 느껴서 바닷물을 마신 선원은 결과적으로 물을 들이켠 게 아니었던 겁니다. 소금을 진하게 타서 먹은 것과 마찬가지였던 것이지요. 이것은 수분을 보충한 게 아니라, 오히려 물에 대한 갈증만 더욱 부추긴 것이었습니다.

몸속에 소금 성분이 급격히 증가하면, 신체 내부의 전해질 성분에 일대 혼란이 일어납니다. 그로 인해 몸의 내분비계가 이상 반응을 보이고, 뇌의 명령에 혼선을 빚게 되어 버린답니다. 이러한 현상이 바닷물을 벌컥벌컥 들이킨 선원의 몸속에서 한순간에 일어났던 것이었습니다.

우리는 무더운 여름에 콜라와 같은 음료수를 자주 마시게 됩니다. 시원함을 느끼고 목마름을 해소시켜 줄 것이라고 믿

고 마시는 것이지요. 그러나 이때도 바닷물을 마시는 경우와 다르지 않은 상황이 몸속에서 일어난다는 사실을 알고 있나요?

냉장 보관한 콜라를 마시면, 일단 그 순간만큼은 시원함을 느낄 수 있습니다. 하지만 콜라의 농도가 혈액보다 높은 까닭에, 인체 속 세포에서 물이 빠져나가는 삼투 현상이 자연스럽게 일어날 수밖에 없지요. 콜라를 마셨는데도 이상하게 목마름이 가시지 않는 기분이 들었던 기억이 있을 겁니다. 이 모든 것이 다 농도 평형을 맞추려는 삼투 현상 때문이랍니다.

만화로 본문 읽기

무엇을 하고 있나요?
다양한 삼투 현상에 대해서 알아보는 중이에요.

그럼 우리 몸속에서 일어나는 삼투 현상에 대해서도 알고 있나요?
몸속에서 일어나는 삼투 현상이요?

콩팥은 노폐물을 걸러내고 물을 배설해서 혈액의 농도를 조절하는 역할을 해요. 콩팥에 이상이 생겨서 여과가 제대로 이뤄지지 못하면 몸속에 물이 남게 되어 혈압이 오르지요.

혈압이 상승하면 어떻게 되나요?
부종과 요독증이 생겨요. 흔히 부기라고 하는 게 부종이라고 생각하면 됩니다. 요독증은 불필요한 물질이 오줌으로 배출되지 못하고 몸속에 쌓여 나타나는 병이랍니다.

콩팥의 기능은 소변에 당분이 섞여 나오는 당뇨병과 관계있어요. 정상인의 경우, 콩팥에서 당분 흡수가 이루어지는데, 당뇨병 환자는 콩팥에서 흡수되지 못해 포도당이 오줌에 섞여 나오지요.
아~, 당뇨병이 그런 병이었군요.

콩팥의 기능이 정상적이지 못한 경우에는 혈액 속의 불필요한 물질을 걸러 내는 콩팥 투석(신장 투석)을 하는데, 바로 여기에 삼투 현상이 적용된답니다.

일곱 번째 수업

7

정수와 역삼투압

순도 99.9%의 물이라면 무조건 좋을까요?

역삼투압의 뜻과 역삼투압으로 정수하는 방법에 대해서 알아봅시다.

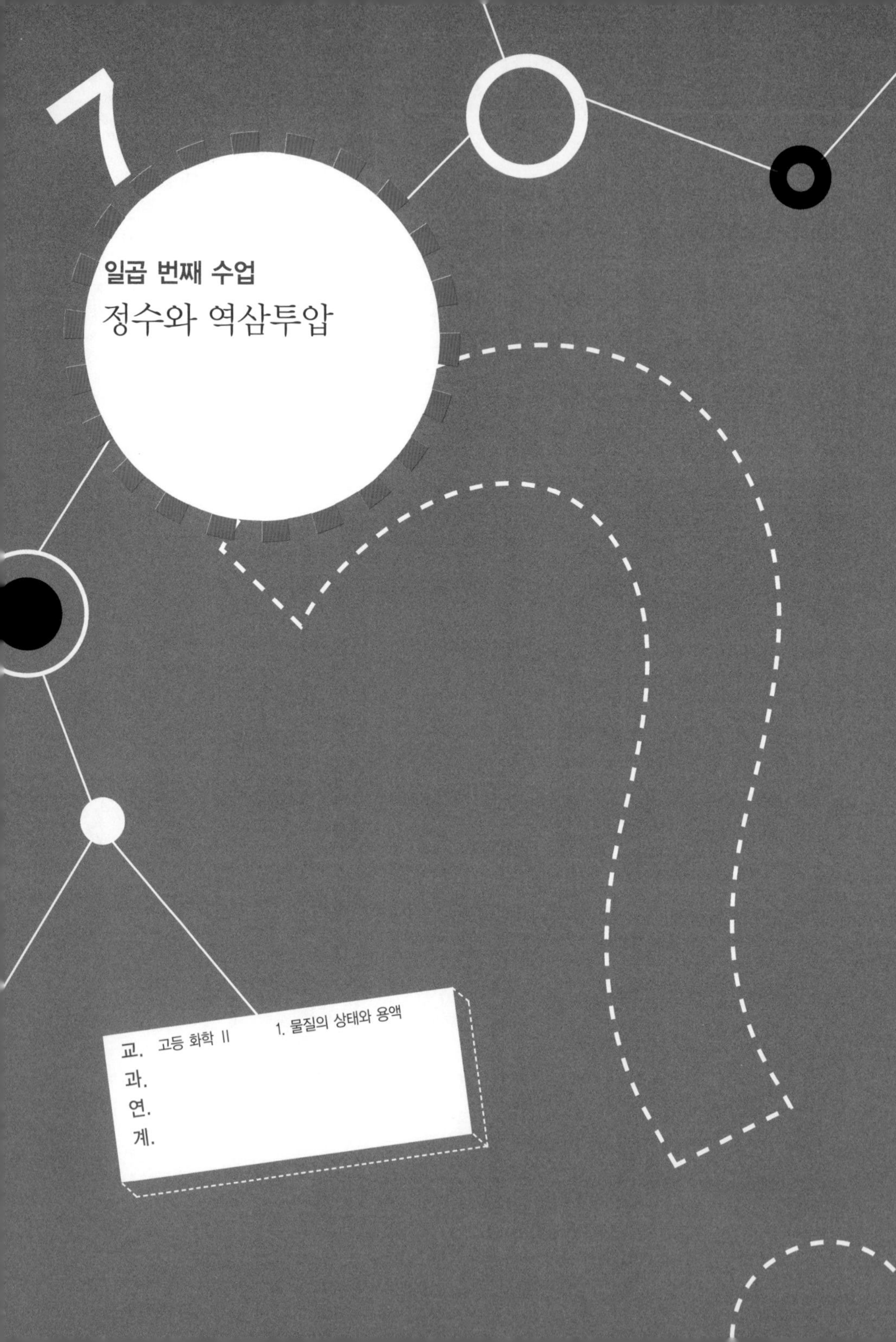
7
일곱 번째 수업
정수와 역삼투압
교.
과.
연.
계.
고등 화학 II
1. 물질의 상태와 용액

반트호프가 수돗물을 보여 주면서 일곱 번째 수업을 시작했다.

수질 오염

요즘 수돗물을 그대로 받아 마시는 사람은 드물지요.

하천, 호수, 강, 바다에 오염 물질이 전혀 없을 수는 없습니다. 동물의 분뇨가 흘러 들어가기도 하고, 오염 미생물이 갑자기 부쩍 늘기도 하지요. 하지만 자연은 그것을 어느 정도까지 허용합니다. 자정 능력이 있어서 일정 수준까지는 하천의 오염을 방지하고 평형을 유지할 수 있거든요.

그러나 그것도 자정 능력의 한계 범위를 벗어나지 않았을

때의 얘기입니다. 공장과 가정에서 마구 쏟아 낸 혼탁한 액체와 중금속과 세제가 과다하게 유입되면 자정 능력은 한계에 이르게 되지요. 수중 산소량은 현저히 감소하고, 수질은 악화되어 악취로 뒤범벅이 되지요. 이러한 수질 오염을 막기 위해서 무엇보다 가정과 공장에서 버리는 하수나 폐수를 반드시 정화시킨 후에 내보내야 합니다.

정수기와 필터

수질 오염이 심각해지면서 정수기를 사용하는 사무실과 가정이 늘고 있습니다. 그러나 정수기의 연구는 오염된 하천수나 강물 때문에 개발을 시작한 것은 아니었습니다. 정수기는 미국항공우주국, 이른바 나사(NASA)가 우주 비행사들의 식수 문제를 해결하기 위해서 개발한 것이랍니다. 우주 산업은 그냥 보기엔 실생활과 아무런 연관이 없고 천문학적인 돈만 쏟아 붓는 것처럼 보이지만, 사실은 그와 다르다는 것을 정수기만 보아도 알 수 있지요.

정수기의 생명은 누가 뭐라고 해도 이물질을 거르는 장치, 즉 필터에 있습니다. 정수기에는 보통 4개의 필터가 들어 있

습니다.

첫 번째 필터는 녹 찌꺼기 같은 굵은 알갱이를 걸러 냅니다. 두 번째 필터는 활성탄(숯)을 이용한 필터입니다. 벤젠이나 톨루엔 등 몸에 해로운 휘발성 물질을 걸러 내지요. 세 번째 필터는 이온, 세균, 유기물 등을 걸러 줍니다. 마지막 네 번째 필터는 남아 있는 염소 등을 없애 냄새를 제거해 주고 물맛을 좋게 해 줍니다. 이런 과정을 거쳐서 불순물을 90% 이상 제거합니다.

정수기와 인체에 필요한 물질

오염 물질을 걸러 준다는 측면에서 정수기는 사람들에게 고마운 발명품임에는 분명합니다. 하지만 유용한 것도 걸러 준다는 데 문제 아닌 문제가 있습니다.

아무것도 들어 있지 않은 물은 증류수 그 자체입니다. 증류수는 맛도 없습니다. 건강하고 깨끗한 물이라고 하면, 인체에 필요한 무기질 성분이 들어 있어야 합니다. 그런데 이런 성분마저 모조리 걸러 버린다면 정수기로서의 매력은 없다고 보아야 할 겁니다.

몸에 이롭지 못한 물질은 거르고, 몸에 좋은 성분은 통과시킬 수 있어야 합니다. 이것은 물질마다 크기가 다르다는 성질을 이용하면 해결할 수 있습니다. 반투과성 막에 송송 뚫려 있는 구멍의 크기를 조절하면 되니까요.

증류수같이 너무 순수하고 깨끗한 물은, 유용한 물질을 담고 있지도 않지만 그 자체만으로도 우리 몸에 해롭답니다. 그 이유를 사고 실험으로 알아보겠습니다.

증류수를 마시면 증류수가 혈액으로 흘러들어요.

세포 속 물질의 입장에서 보면, 증류수는 농도가 낮아요.

몸속에서 농도 차이가 생기는 거예요.

농도 차이는 농도 평형으로 해결해야 해요.

농도를 맞추기 위해 물이 세포 속으로 들어가요.

세포 속에 있는 물질이 세포막을 뚫고 나올 순 없으니까요.

물을 먹었으니 세포가 부풀어요.

세포가 팽창하는 현상이 나타나는 거예요.

이것은 인체에 일어나는 정상적인 현상이 아니에요.

그러니 어떤 식으로든 악영향을 미칠 거예요.

증류수를 그냥 마셔 봐야 좋을 일이 하나도 없는 이유예요.

'물 순도 99.9%'라는 문구에 현혹되어선 안 되는 이유를 이젠 알겠지요? 깨끗한 물을 만드는 데만 신경 쓴 나머지, 인체에 유용한 물질을 포함하지 않고 있는 물은 마실 물로서의 유익한 기능을 상실한 것이나 마찬가지랍니다.

역삼투압

오염된 물에서 순도 높은 물을 뽑아내는 방법 중에 역삼투압 방식이 있습니다. 역삼투압이라는 것은 말 그대로 거꾸로 삼투압이라고 보면 됩니다.

사고 실험을 하겠습니다.

자연은 평형을 유지하려고 해요.

깨끗한 물과 오염된 물이 있어요.

그 사이에 막을 설치해요.

물만 통과할 수 있고 오염 물질은 통과하지 못하는 막이에요.

구멍의 크기를 조절해서 만든 반투과성 막인 거예요.

농도 평형을 이루기 위해 물이 깨끗한 쪽에서 오염된 쪽으로 이동해요.

이것이 삼투 현상이에요.

이때 삼투압이 작용해요.

그러면 삼투압보다 강한 압력을 거꾸로 작용하면 어떻게 되겠어요?

그래요, 물이 반대로 흐를 거예요.

오염된 쪽에서 깨끗한 쪽으로 물이 흐를 거란 말이에요.

농도 평형을 맞추려는 자연적인 흐름으로는 오염된 물에서 물을 빼내지 못해요.

하지만 이 방법으론 오염된 물에서 순수한 물을 뽑아낼 수 있어요.

이때 가하는 압력을, 삼투압과는 반대로 작용한다고 해서 역삼투압이라고 해요.

삼투압보다 큰 압력을 반대 방향으로 가해 주면, 이처럼 오염된 물에서 물만 뽑아낼 수가 있는데, 이때 가한 압력을 역삼투압이라고 하는 겁니다.

역삼투압을 가하면, 순도 99.9%까지 걸러 낸 고순도의 물을 얻을 수가 있답니다.

만화로 본문 읽기

아, 시원하다.
정수기는 누가 만들었나요? 정말 편리해요.
정수기는 나사(NASA)에서 우주 비행사들의 식수 문제를 해결하기 위해서 개발했어요.

나사에서 사람들에게 유용한 물건을 만들었네요.
알고 보면 우주 산업은 실생활과 많은 연관이 있지요.
NASA

그런데 정수기의 필터는 어떤 작용을 하나요?
보통 4개의 필터가 들어 있는데, 첫 번째 필터는 굵은 알갱이를 걸러내요. 활성탄(숯)을 이용한 두 번째 필터는 벤젠이나 톨루엔 등 몸에 해로운 휘발성 물질을 걸러내지요.

세 번째 필터는 이온, 세균, 유기물 등을 거르고, 마지막 필터는 남아 있는 염소 등을 없애 냄새를 제거해 주고 물맛을 좋게 해 줘요.
그런데 정수기가 좋은 물질을 걸러내지는 않나요?
역시 깐깐한 정수기야!

정수기가 인체에 필요한 무기질 성분까지 모조리 거른다면 그건 문제가 있지요. 너무 깨끗한 물인 증류수가 되면 그 자체만으로도 우리 몸에 해로워요.
증류수를 마시는 건 몸에 나쁘군요.
증류수는 안 돼!
물 순도 99.9%

증류수를 마시면 몸속에 농도 차가 생기기 때문에 비정상적인 현상이 일어나게 되지요.
인체에 유용한 물질이 포함된 물이 좋은 물이군요.
이제 알겠어요.

마 지 막 수 업 8

바닷물로 민물 만들기

바닷물로 민물을 만드는 방법은 무엇일까요?
바닷물 민물화 과정에서 증류법과 역삼투압법을 어떻게 이용하는지 알아봅시다.

8

마지막 수업

바닷물로 민물 만들기

교. 고등 화학 II 1. 물질의 상태와 용액
과.
연.
계.

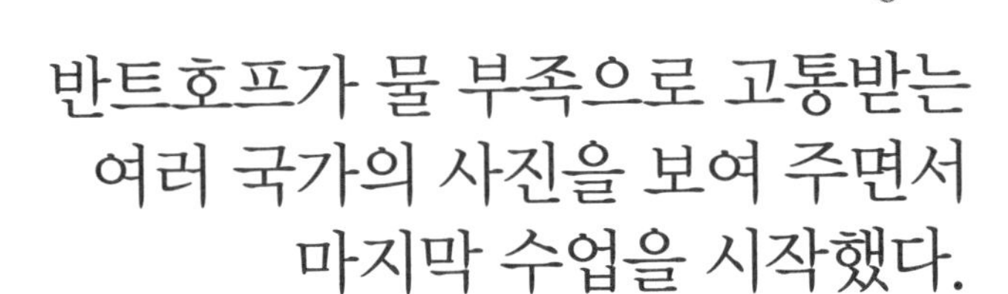

반트호프가 물 부족으로 고통받는
여러 국가의 사진을 보여 주면서
마지막 수업을 시작했다.

21세기의 가장 두려운 위기

이제 물 부족 문제는 후진국만의 걱정거리가 아닙니다. 사람이 마실 물, 농사지을 물, 공장을 가동시킬 물 등 모두 부족한 상태입니다.

유엔 보고서는 전 세계 물 부족 현상의 원인으로 크게 2가지를 꼽고 있습니다. 제3세계 국가의 급속한 인구 팽창과, 지표수와 지하수를 오염시키는 배설물 및 산업 폐기물이 그 이유들입니다. 그러면서 낡은 수도관도 수자원을 효율적으로

이용하는 데 걸림돌이라고 덧붙였습니다.

전 세계적으로 기상 이변이 일어나고 있습니다. 편중된 강우량으로 물 확보에 어려움이 따르게 되었고, 물 확보는 이미 국제적인 분쟁거리로 떠올랐습니다. 요르단 강의 사용 권리를 둘러싸고 요르단과 이스라엘 사이에 분쟁이 있었고, 인도와 방글라데시, 브라질과 아르헨티나, 터키와 시리아, 미국과 캐나다가 강과 호수 사용의 권리와 배분을 놓고 마찰을 빚었습니다.

다행히 아직까지는 한국은 이웃 나라와 물을 놓고 갈등하는 상태는 아닙니다. 물이 부족한 국가 대열에 합류돼 있지도 않습니다. 하지만 영원히 그러란 법은 없습니다. 이런 식으로 아무런 대처 없이 21세기 중반을 맞으면, 한국도 물 부족 국가 대열에 합류할 거라는 보고서가 이미 나온 상태이니까요.

3월 22일은 유엔이 정한 세계 물의 날(World Water Day)입니다. 유엔은 이날을 맞을 때마다 전 세계의 물 부족 사태를 심각하게 경고하고 있습니다. '인류가 21세기에 가장 두려워해야 할 위기는 석유 부족이 아니라 물 부족이다.'라고 외치면서 말입니다.

바닷물을 민물로 만드는 방법 1

지구에는 물이 넘쳐나고 있습니다. 그런데도 전 세계적인 물 부족 사태를 우려하고 경고하고 있습니다. 이것은 어찌 보면 모순된 상황으로 보이지만, 그 이유는 지구에 있는 대부분의 물이 바닷물로 존재하기 때문입니다. 바닷물은 지구상에 있는 물의 97%를 차지하고 있거든요.

바닷물을 식수로 이용할 수 있다면, 물 부족이라는 두려워

할 만한 위기도 더 이상 없을 것입니다. 바닷물을 민물로 만드는 방법으로 2가지가 있습니다. 하나는 증발의 원리를 이용하는 방법이고, 다른 하나는 역삼투압의 원리를 이용하는 방법입니다.

증발의 원리를 이용하는 방법은 바닷물을 데울 때 생기는 수증기를 식혀서 민물을 얻는 방법입니다. 이 방법은 한민족이 예전부터 막걸리에서 청주를 뽑아내는 데 이용해 온 방법입니다. 탁한 막걸리에서 맑은 청주를 제조하는 과정은 다음과 같습니다.

1. 가마솥에 막걸리를 붓고, 가마솥 가운데에 빈 그릇을 놓는다.
2. 가마솥 뚜껑을 뒤집어서 가마솥 위에 놓는다.
3. 가마솥 뚜껑 위에 찬물을 담는다.
4. 아궁이에 불을 지펴 막걸리를 부글부글 끓인다.
5. 일정 온도에 이르면 막걸리의 알코올 성분과 물이 수증기로 변해 상승한다.
6. 가마솥 뚜껑에 달라붙은 알코올 성분과 수증기가 서서히 액체로 변한다.
7. 액체로 변한 알코올 성분과 물이 뚜껑 손잡이 쪽으로 흘러내리며 가마솥 가운데에 둔 빈 그릇으로 떨어진다.

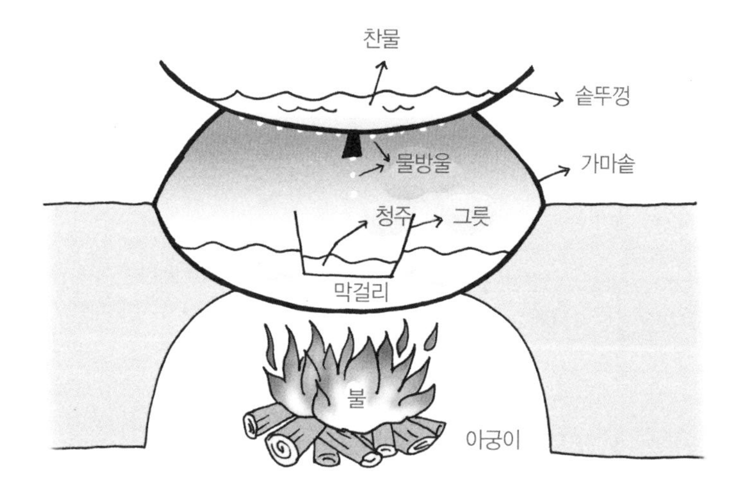

이렇게 받은 그릇 속의 액체가 청주입니다.

증발법을 이용해서 바닷물을 민물로 만드는 과정도 이와 다르지 않습니다. 다만 차이가 있다면, 장치의 규모가 다르다는 점입니다. 바닷물을 증발시키는 증발기의 크기는 실로 어마어마하답니다. 솔직히 한두 사람이 마실 물을 만드는 게 아닌 만큼 그 시설이 매우 클 것이란 것을 쉽게 예상할 수 있는 일이지요. 증발기는 보통 길이 90여 m, 폭 30여 m, 무게는 3,500여 톤에 이른답니다. 축구장 하나가 통째로 있다고 보면 되지요.

실제로 예를 들어 본다면, 사우디아라비아의 바닷물의 민물화 작업에는 이만한 규모의 증발기 10여 대 이상이 가동되

고 있습니다. 1개의 증발기가 하루에 8만여 톤가량의 민물을 생산하니, 총 80만여 톤을 웃도는 민물을 만들어 내는 것입니다. 그것은 매일 300만 명이 쓸 수 있는 양이라고 합니다.

바닷물을 민물로 만드는 방법 2

다음은 역삼투압을 이용해서 바닷물을 민물로 만드는 방법입니다.

여기서 사고 실험을 하겠습니다.

역삼투압을 이용하려고 해요.
그러기 위해서 우선 삼투 현상이 일어나게 해야 해요.
바닷물에 삼투 현상이 일어나게 하려면 어떻게 해야 할까요?
그래요, 농도 차이가 생기게 해야 해요.
농도 차이가 나게 하려면, 민물을 이용하면 될 거예요.
민물은 바닷물보다 소금기가 낮으니까요.
한쪽에는 바닷물을 넣고 다른 쪽에는 민물을 넣어요.
민물과 바닷물 사이는 막으로 차단시켜요.
막은 물은 통과할 수 있고, 소금 성분은 통과하지 못하는 반투과성 막이어야 해요.
막을 사이에 두고 바닷물과 민물의 농도 차이가 발생했으니,
그것을 해소해야 할 거예요.
소금의 입장에서, 바닷물은 고농도이고 민물은 저농도예요.
하지만 소금 성분이 움직일 수는 없어요.
그러고 싶어도 막이 가로막고 있기 때문에 그렇게 할 수 없거든요.
그래서 농도 평형을 이루기 위해 물이 이동을 하는 거예요.
민물에서 바닷물 쪽으로 말이에요.

'어라, 이건 아닌데?' 하는 소리가 절로 새어 나오나요? 깨끗한 민물이 바닷물로 흘러들어 가니, 이런 아쉬움의 탄성과 걱정이 이상하지 않다고 봅니다. 하지만 조금만 더 기다려 보세요.

사고 실험을 이어 가겠습니다.

민물은 삼투에 의해 바닷물 쪽으로 흘러가요.
그러면서 삼투압이 생겨요.
삼투압의 힘으로 민물이 바닷물 쪽으로 밀려 들어간 셈이에요.
그러니 삼투압보다 강한 힘으로, 삼투압이 작용한 반대 방향으로 누르면 어떻게 되겠어요?

민물은 더 이상 밀고 들어오지 못할 거예요.

이뿐이 아니에요.

바닷물 속의 물 입자가 이제는 거꾸로 움직이게 돼요.

반대쪽 힘이 더 강력하니까요.

바닷물 쪽에서 민물로 물 입자가 이동해요.

바닷물 쪽으로 물이 흘러가면서 양이 줄었던 민물 쪽 공간에 이제는 거꾸로 민물이 점점 많아져요.

바닷물에서 민물을 끌어내는 방법이에요.

얼핏 생각하기엔, 바닷물에서 민물을 뽑아낸다는 것이 매우 어려울 것 같아 보입니다. 하지만 이런 간단한 과학적 원리로, 21세기에 인류가 맞이할 수 있는 무시무시한 위기 중 하나를 해결할 수도 있습니다. 과학의 놀라운 힘과 그것을 유용하게 적용하는 인간의 사고가 고맙고 아름다울 따름입니다.

세상에는 뒤집어 생각해 보면 더 훌륭한 결과를 유도해 낼 수 있는 경우가 적지 않습니다. 역사가 이와 같은 사실을 보란 듯이 입증해 주잖아요.

삼투압과 역삼투압의 관계에서 보았듯이 거꾸로 뒤집는 사고의 전환을 여러분의 미래에 멋지게 이용하길 바랍니다.

만화로 본문 읽기

물 부족 상태가 심각해지고 있습니다.
선생님, 지구의 절반이 바닷물인데 왜 자꾸 물이 부족하다고 그러는 거죠?
바닷물은 지구상 물의 97%를 차지하지만, 바닷물을 식수로 이용할 수 없기 때문이에요.

바닷물을 이용하는 방법은 없나요?
바닷물을 민물로 만들어서 이용할 수 있어요. 증발의 원리를 이용하는 방법과 역삼투압의 원리를 이용하는 방법이 지요.
바닷물
민물
증발원리
역삼투압원리

증발의 원리를 이용하는 방법은 뭔가요?
바닷물을 데울 때 생기는 수증기를 식혀 민물을 얻는 방법이에요. 이 방법은 탁한 막걸리에서 맑은 청주를 제조하는 방법과 같아요.
막걸리
청주

막걸리를 끓일 때 생긴 수증기를 이용해서 알코올 성분과 물을 추출해내는 것이지요. 바닷물을 민물로 만드는 과정도 이와 비슷해요.
바닷물을 민물로 만드는 장치는 규모가 엄청나게 크겠군요.
찬물
솥뚜껑
가마솥
물방울
청주
막걸리

맞아요. 증발기의 크기는 보통 길이 90여 m, 폭 30여 m, 무게는 3,500여 톤에 이르지요.
우아, 축구장 크기만 하네요.

역삼투압의 원리는 민물과 바닷물의 농도 차이를 이용해 삼투압보다 강한 힘으로 바닷물에서 민물을 뽑아내는 방법이에요.
어렵긴 하지만, 정말 유용한 방법이네요!
민물
바닷물
반투막

과학자 소개

물리 화학의 창시자로 평가받는 반트호프 Jacobus van't Hoff, 1852~1911

반트호프는 네덜란드의 화학자로 물리 화학의 창시자로 평가받는 인물이랍니다. 물리 화학이란 쉽게 생각해서 화학 현상을 밝혀내는 데 물리학의 이론을 적용하는 것이라고 보면 됩니다.

예를 들어, 화학 반응에서 생기는 열량을 계산하기 위해 물리학의 열에 대한 법칙을 사용하는 것과 같이요.

반트호프는 네덜란드 로테르담에서 태어났습니다. 어릴 적부터 자연 과학에 출중한 능력을 보였으며, 콩트의 실증 철학에 감화를 받았습니다. 1872년에는 독일로 유학을 가서 케쿨레에게서 유기 구조론과 탄소 결합 등에 대해 깊이 있게 배웠습니다. 케쿨레는 탄소 화합물의 분자 구조를 밝혀낸 화학자입니다.

그리고 반트호프는 22세 때 유기 화합물에 관한 논문을 발표했는데, 이것이 또한 획기적인 내용이어서 입체 화학의 새로운 문을 연 논문이라고 평가받고 있습니다. 입체 화학이란 물질의 입체 구조와 물리적 성질과의 관계를 밝히는 분야입니다.

1878년에는 암스테르담 대학의 교수가 되었고, 그곳에서 18여 년 동안 재직하면서 반응 속도론, 화학 평형, 삼투압 이론 등을 깊이 있게 연구했습니다. 1896년에는 베를린 과학 아카데미와 베를린 대학 명예 교수로 재직했습니다.

오늘날 논의되고 있는 물리 화학의 고전적인 분야는 거의 그와 오스트발트, 아레니우스 세 사람이 이루어 놓았다고 할 정도입니다. 이 세 사람 가운데서도 그의 독창성에 의한 것이 많았습니다. 이들 세 사람은 같이 협력하여 1887년에 〈물리 화학 잡지〉를 간행하였습니다.

반트호프는 화학의 발전에 기여한 이러한 공로를 높이 인정받아 1901년 제1회 노벨 화학상의 수상자가 되었답니다.

과학 연대표

언제, 무슨 일이?

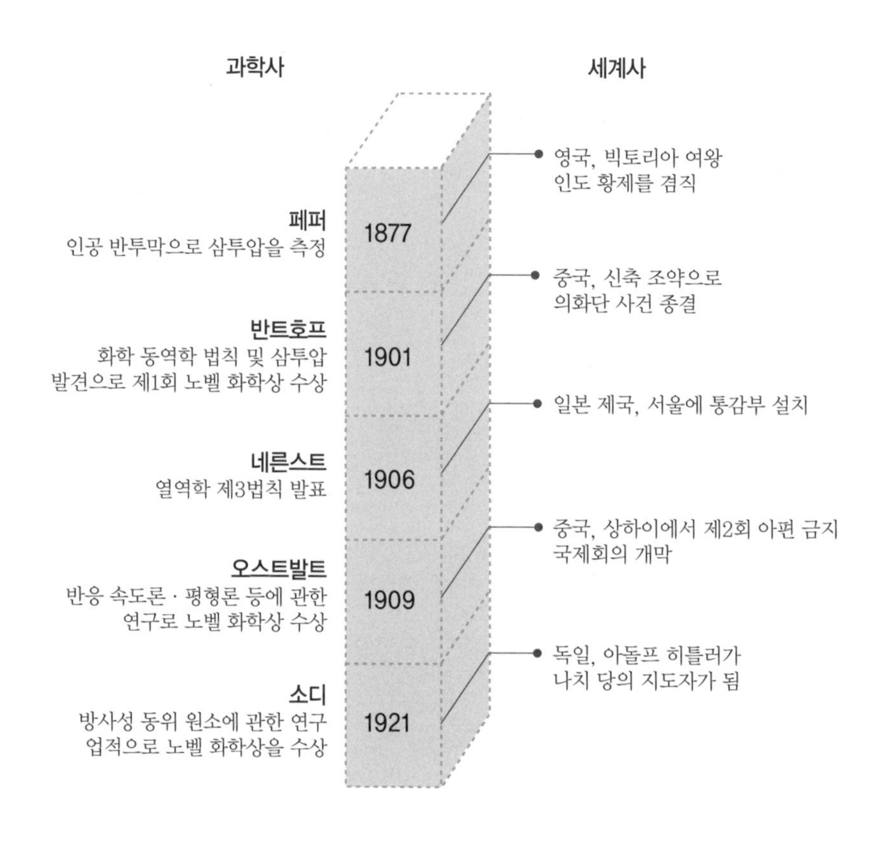

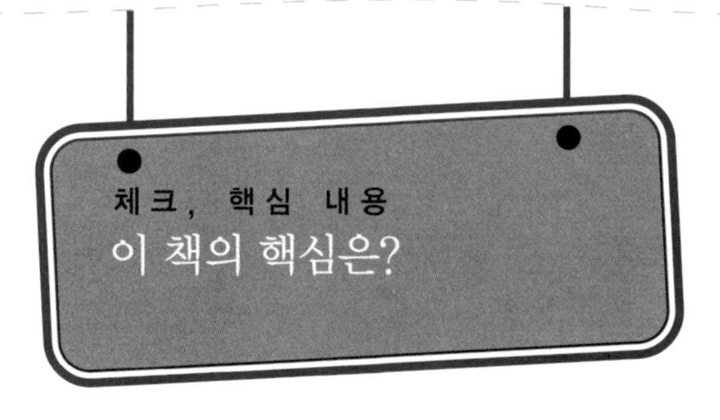

1. □□□□ □은 물 분자는 투과시키지만 물질 분자는 투과시키지 못하는 막입니다.
2. □□은 고농도에서 저농도로 퍼지면서 농도가 같아지는 현상입니다.
3. □□ 현상은 반투과성 막을 사이에 두고 농도 평형을 이루는 현상입니다.
4. 적혈구와 혈액이 붉은색을 띠는 것은 □□□□□이 있기 때문입니다.
5. 생리 □□□는 동물의 혈액 속 염분 농도와 같게 만든 액체입니다.
6. 한계 □□□ 분리가 일어나는 순간의 팽압은 영(0)입니다.
7. 삼투압보다 큰 압력을 반대 방향으로 가하는 압력은 □□□□입니다.

1. 반투과성 막 2. 확산 3. 삼투 4. 헤모글로빈 5. 식염수 6. 원형질 7. 역삼투압

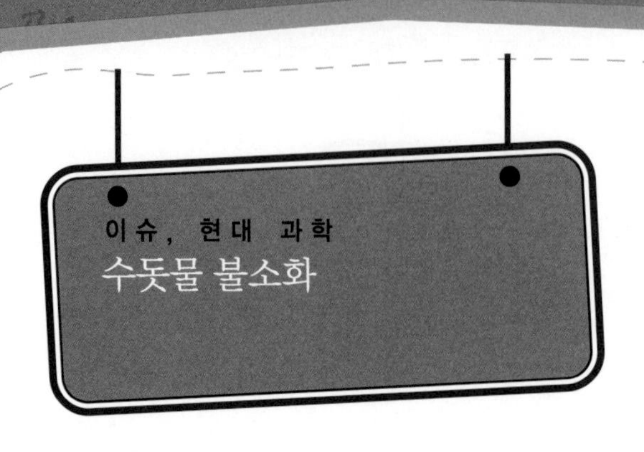

치아를 보호하는 데는 청결한 관리가 최고입니다. 우리가 숨을 쉬거나 음식물을 섭취할 때 입속으로 박테리아가 들어갑니다. 그렇게 들어간 대다수의 박테리아가 치아를 공격합니다. 치아의 공격은 하루나 이틀 만에 끝나는 게 아니지요. 몇 달 혹은 몇 년에 걸쳐서 일어나는 장기간의 공격입니다. 가랑비에 옷이 흠뻑 젖는 것처럼 박테리아가 차근차근 진행하는 공격이 치아를 아프게 하지요. 충치가 생기고 치아에 구멍이 뚫리기까지 10여 년의 시간이 걸린다고 합니다.

이러한 치아의 피해를 예방하기 위해 생각해 낸 방법 가운데 하나가 수돗물에 불소를 첨가하는 것입니다. 불소는 박테리아에는 최고로 힘든 적이거든요.

1930년대에 과학자들은 '불소를 포함한 물은 에나멜질을 강화시켜 줄 뿐만 아니라, 박테리아의 활동을 억제해 충치 발생을 60% 가량 낮추는 것으로 밝혀졌다'고 발표하여 불소를 포함한 물을 식수로 사용하는 지역에 거주하는 아이들의 치아가 건강하다는 결과를 알게 했습니다.

이 연구 결과 발표 이후로 치약에 불소를 필수 첨가제로 넣기 시작했고, 오늘날에는 미국, 캐나다, 유럽의 몇몇 국가, 동남아시아 등 전 세계 70여 개국에서 수돗물 불소화를 실행하고 있습니다. 우리나라도 1982년에 청주를 필두로 과천과 포항 등에서 시행했습니다.

그러나 수돗물의 불소 첨가를 반대하는 사람도 적지 않습니다. 불소는 납보다 독성이 강할 뿐만 아니라 비소 다음으로 독성이 강한 물질입니다. 그래서 미국식품의약국(FDA)은 1997년 4월부터 생산하는 불소 치약에 다음의 문구를 넣을 것을 지시했습니다. '당신이 이 치약을 잘못 삼켰다면 즉시 전문의의 도움을 받거나 독극물 중독 센터에 연락하세요!'

그리고 수돗물 불소화가 충치 예방에 도움이 된다는 보고가 있는가 하면, 그 반대로 별다른 효과가 없다는 보고도 있습니다. 세계 보건 기구도 유럽의 비불소화 국가들의 충치 발생률과 미국의 충치 발생률을 비교해 보았더니 비슷하거나 오히려 유럽이 더 좋은 곳도 있다는 결과를 보고했습니다.

찾아보기

어디에 어떤 내용이?